ブキミ生物絶叫図鑑

永岡書店

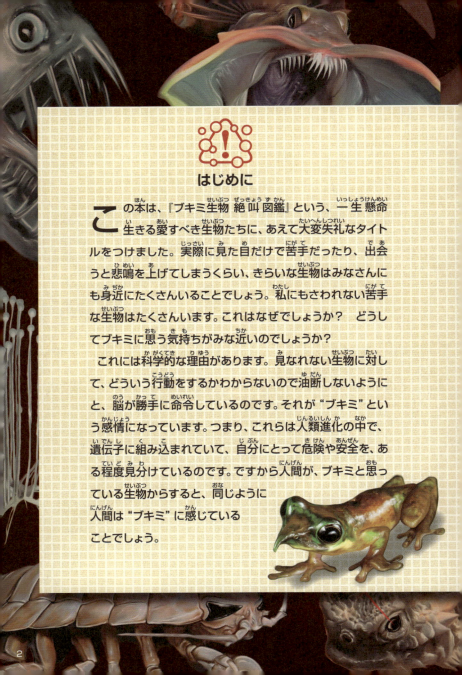

はじめに

　この本は、『ブキミ生物 絶叫図鑑』という、一生懸命生きる愛すべき生物たちに、あえて大変失礼なタイトルをつけました。実際に見た目だけで苦手だったり、出会うと悲鳴を上げてしまうくらい、きらいな生物はみなさんにも身近にたくさんいることでしょう。私にもさわれない苦手な生物はたくさんいます。これはなぜでしょうか？　どうしてブキミに思う気持ちがみな近いのでしょうか？

　これには科学的な理由があります。見なれない生物に対して、どういう行動をするかわからないので油断しないようにと、脳が勝手に命令しているのです。それが"ブキミ"という感情になっています。つまり、これらは人類進化の中で、遺伝子に組み込まれていて、自分にとって危険や安全を、ある程度見分けているのです。ですから人間が、ブキミと思っている生物からすると、同じように人間は"ブキミ"に感じていることでしょう。

　さて、ここでみなさんにやってみてほしいのは、一歩ふみこんで、見た目できらっていた生き物の真の姿を知ってみることです。見た目とはちがっていた意外な一面や、すぐれた点を見つけることができるでしょう。これは人間社会でも同じことです。見た目や考え方がちがうからと言って、遠ざけていた人はいませんか？　話したこともない人を見た目で「キモい」とか言ってませんか？　生き物の世界は見えない線でつながり、関係しあっています。いろいろなものが存在することが必要なのです。

　この本で取り上げた不思議な生物たちの体のデザインだけで、ワーキャーいうのではなく、不思議な生物がすむいろんな環境が地球にはあるということを想像しながら読んでいただきたいのです。いかに未知の生物が多いかがわかると思います。生き物の形や生態の不思議に興味を持った人は、ぜひ身近な"ブキミ"生物探しから始めてみてください。きっと世界が広がると思います！

新宅広二

もくじ

形・見た目の謎にせまる！
ブキミ生物の世界 ……………… 8

びっくり仰天！
世界最小生物 …………………… 38

珍獣ハンターツール …………… 62

ブキミ生物ランキング ………… 88

ブームになった珍獣たち ……… 108

集団で光る生物 ………………… 122

生物調査大作戦 ………………… 124

擬態する生き物たち …………… 156

変なところで暮らす生物 ……… 180

1章 せすじもこおりつく！
見た目が恐すぎる生物 17

ミツクリザメ	18
ゴライアス・タイガーフィッシュ	20
ホウライエソ	22
サーカスティック・フリンジヘッド	24
アイアイ	26
アカウアカリ	28
ウマヅラコウモリ	29
ハシビロコウ	30
パヤラ	31
オニイソメ	32

コブダイ ……………………… 33
ミツマタヤリウオ …………… 34
ワラスボ ……………………… 35
ヤツメウナギ ………………… 36
ネコメガエル ………………… 37

2章 思わず笑っちゃう！
へんてこ生物 41

テングザル	42
マレーグマ	44
サイガ	45
フクロモグラ	46
ホシバナモグラ	47
シュモクザメ	48
シュモクバエ	49
ヨツコブツノゼミ	50
オオズアリ	52
ミツツボアリ	53
キリンオトシブミ	54
ボウバッタ	55
ピノキオガエル	56
ゴースト・グラス・フロッグ	57
アガマトカゲ	58
カギムシ	59
フウリュウウオ	60

3章 あっとおどろく！秘密兵器をもつ生物　67

- サバクツノトカゲ 68
- ワラストビガエル 70
- パラダイストビヘビ 71
- トビイカ 72
- ヒヨケザル 74
- ウオクイコウモリ 75
- カリフォルニアイモリ 76
- キロネックス 77
- ソレノドン 78
- センザンコウ 79
- ムツオビアルマジロ 80
- ヨツユビハリネズミ 81
- ベンテンウオ 82
- ガラ・ルファ 83
- ムラサキダコ 84
- ウロコフネタマガイ 85
- ウデムシ 86
- クマムシ 87

4章 えつらん注意！キモい生物　93

- ニュウドウカジカ 94
- ウミグモ 96
- バナナナメクジ 97
- ピパピパ 98
- インドハナガエル 100
- ハダカデバネズミ 101
- ホライモリ 102
- アシナシトカゲ 103
- センジュナマコ 104
- アフリカオオヤスデ 105
- モルフォチョウ 106
- オオアゴヘビトンボ 107

5章 うっとり見とれる！光る、透ける生物　111

- ミダスアマガエルモドキ 112
- クリオネ 114
- ツマジロスカシマダラ 115
- デメニギス 116
- クシクラゲ（カブトクラゲ） 117
- チョウチンアンコウ 118
- ニジイロクワガタ 120
- ニジボア 121

未知なる世界に生きる！ 深海生物 ... 130

- リュウグウノツカイ ... 131
- ラブカ ... 132
- メガマウス ... 134
- ヨロイザメ ... 135
- フクロウナギ ... 136
- シーラカンス ... 137
- ダイオウグソクムシ ... 138
- タカアシガニ ... 139
- ジュウモンジダコ ... 140
- ユウレイイカ ... 141
- オウムガイ ... 142
- ハオリムシ ... 143
- オオグチボヤ ... 144

6章 絶対だまされる！ モノマネ生物 ... 145

- ミミック・オクトパス ... 146
- リーフィー・シードラゴン ... 148
- マタマタ ... 149
- エダハヘラオヤモリ ... 150
- ガマグチヨタカ ... 151
- ハナカマキリ ... 152
- ミツヅノコノハガエル ... 153
- オオコノハギス ... 154
- ベニスズメガ（幼虫） ... 155

7章 つかみどころのない！ 摩訶不思議な生物 ... 161

- オカピ ... 162
- シフゾウ ... 163
- キバノロ ... 164
- フクロミツスイ ... 165
- ハネジネズミ ... 166
- キノボリカンガルー ... 167
- ブチクスクス ... 168
- アマゾンカワイルカ ... 170
- ミミヒダハゲワシ ... 172
- ハテナ ... 173
- ナガヒカリボヤ ... 174
- ベニクラゲ ... 175
- ウミシダ ... 176
- アホロテトカゲ ... 177
- コンドロクラディア・リラ ... 178
- ザトウムシ ... 179

生物多様性ホットスポット ... 186
生物の数ってどれくらい？ ... 188
インデックス ... 190

この本の見方

名前
生物の名前と、別名、学名を記しています。

生物データ
1から5までの数値で、その生物の凶暴度、めずらしさなどを紹介します。5が一番、凶暴度が高く、めずらしいということです。

ここがすごい！
その生物のすごいところを一言で説明します。

生息地
その生物が主に生息している地域を、地図の上に赤色でしめしています。

食べ物
食べる物や生物を紹介します。食べることができる生物は、🍴食べたら…で紹介しています。

体長
生物の体長と体重は、それぞれの生物の最大値です。生物の大きさを10歳の男の子の平均身長(1.4m)などと比べます。

とくちょう
その生物の意外な一面や、その生物に関係する面白い情報を掲載します。

武器＆特ちょう
生物の武器や必殺技、体の特ちょうなどを紹介します。

写真＆イラスト
生物の習性や特ちょうがわかる写真やリアルなイラストを掲載します。

学名は、世界共通の生物の名前をあらわす言葉である、ラテン語で表記しています。ヒトの学名は、HomoSapiens（ホモ・サピエンス）です。

7

形・見た目の謎にせまる！
ブキミ生物の世界

ホウライエソ

顔がおそろしいのはなぜ？

ハダカデバネズミ

なぜ毛がないの？

トビガエル

カエルがどうして空をとぶ？

シュモクバエ
この眼は何のため？

キロネックス
なぜ体が透明なの？

ハリモグラ
いったい何の仲間？

ツノゼミ
色や形には意味あるの？

　生き物を見たときの"ブキミさ"には、気持ち悪い、こわい、不思議、へんてこなど、いろいろな種類の感じ方があります。しかし、そのブキミさには、実は進化のおどろくべき理由があり、それを知ったとき、これまでブキミだと思っていた生物の中に、感動的な魅力を発見することにつながることでしょう。

なぜ、いろんな見た目の生物がいるの？

この形の意味は？

人類は、生物の色やかたちの"意味"をすべて解明できるのでしょうか？ そのためには、まず地球の自然環境のしくみと、他の生物たちの生態も知らなければいけません。

ジョルダンヒレナガチョウチンアンコウ

地球の自然環境は常に変化していて、住みやすい場所を生物はうばい合ってきました。その結果、何か有利な特ちょうを持った生物だけが、地球上に生き残っています。

人間から進化系統がはなれたものを"ブキミ"に感じる

私たち人間から見て"ブキミ"に感じる生物は、身近に見なれないものや、進化系統で人間から遠いグループのものに対してです。危険の判断や予測ができないため、本能的に"ブキミ"という信号を脳が送って、未知の危険にそなえているのです。

人間	ほ乳類	変温動物	無脊椎動物
	ヒトに近い霊長類	魚類、は虫類、両生類など	昆虫、クモ、ミミズなど
	ニホンザル	ホホジロザメ	ウデムシ

→ ブキミ

ブキミに感じるポイントって何だろう？

ヤドクガエル ❶色

バナナナメクジ ❷質感

タランチュラ ❸人間とちがう

アイアイ ❹伝説

人間が"ブキミ"に感じるポイントはいくつかあります。例えば左のような4つの特ちょうがある生き物を"ブキミ"と感じます。

❶色
毒どくしい色をしているもの。

❷質感
ヌルヌル、イボイボしている、細長いもの。

❸人間とちがう
手足が多い、毛深い（毛がない）、眼が多い（眼がない）、牙、角、トゲのバランスが極端なもの。

❹伝説
空想上の悪魔やモンスターに似るもの。

なぜ、見た目の印象ってちがうの？

赤ちゃんを"かわいい"と感じる法則

赤ちゃんを見ると「かわいい」と感じるのは、なぜでしょう？ 動物行動学でノーベル賞を受賞したオーストリアの学者・K.ローレンツは、ヒト以外の動物の赤ちゃんも、思わず「かわいい」と感じる理由を科学的に解明しています。そこから、ヒトでも、動物でも、赤ちゃんには共通した「かわいい」と感じる特ちょうがあることがわかりました。

- 身体の大きさのわりに頭が大きい
- 小さな顔のわりに張り出したおでこ
- 頭全体の中心より下にある大きな目
- 丸くて、やわらかい弾力性に富んだ体
- 丸くてふっくらしたほっぺ
- 小さな口と小さくて引っ込んだアゴ
- 短くて太い手足、ぎこちない動作

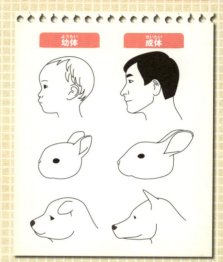

幼体／成体

ウーパールーパー

"キモカワイイ"生物は、"ブキミ"と赤ちゃんの特ちょうを両方持つ。

ジャイアントパンダ

パンダは成長しても赤ちゃんの特ちょうを残している。

なぜ見た目の印象は変わるのでしょうか？ まず人間が「かわいい」と感じるしくみを理解すると、「ブキミ」に感じるしくみがわかってきます。

"かわいい"の反対が"ブキミ"になる

どっちの図が"赤ちゃん"に見える？

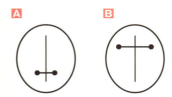

この図は、赤ちゃんと大人の顔の特ちょうを図式化したもの。左の「赤ちゃん」は目と鼻のきょりが近く、右の「大人」は目と鼻のきょりがはなれています。人は、目と鼻の位置の割合で赤ちゃんと大人を見分けています。

かわいい赤ちゃんの要素の逆は、成長した大人として認識されます。天敵の捕食者として本能的に逃げなくてはならなかったり、恋のライバルとして戦ったりしなくてはいけない相手。そのため警かい心とともに、大人に対しては、こわさなどのブキミさを感じるのです。

なぜ赤ちゃんはかわいいの？

動物の親には、子孫を残すために、子どもを育てたり守ったりする本能があります。赤ちゃんの顔の要素を瞬時に読み取り、その特ちょうを持つものを「かわいい」と感じるように進化してきたのです。

トラの赤ちゃん

大人のトラ

猛獣でも赤ちゃんだと恐く感じないが、大人のトラは何もしなくても恐く感じるのは、私たちが"赤ちゃんサイン"を認識しているため。

どうやって生物のかたちは決まる？

ベルクマンの法則

ほ乳類の同じ種類でも、寒い地域に生息するものと、温かい地域に生息するもので、体の大きさが変わります。寒い地域では体を大きくすることで熱（体温）が逃げにくくなり、保温に有利です。一方温かい地域では体を小さくすることで熱が逃げやすくなり、冷やすのに有利になります。

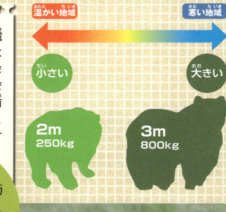

温かい地域 ← → 寒い地域

小さい 大きい

2m 250kg　　3m 800kg

日本のヒグマは平均250kgなのに対して、より寒いアラスカに生息するヒグマは、400〜800kgになる。

南方のヒグマ エゾヒグマ
北海道にすむヒグマは、体長2m、重さ250kg。

北方のヒグマ コディアックヒグマ
アラスカなどに生息するヒグマは、体長3m、最大級のものは800kgを超える。

生物がその環境に適応している例を紹介します。
同じ種類の動物でも生息場所の暑さや寒さに合わせた形になっています。

アレンの法則

ほ乳類の同じ種類でも、寒い地域に生息するものは、耳、吻（鼻先からアゴ）、首、足、尾などが小さく、全体的に丸っぽくなり、空気を温める鼻は大きく、熱がうばわれにくくなります。逆に砂漠など暑い地域に生息するものは、熱を逃がしやすくするために耳などが大きくなります。これも生息地の環境に適応した進化の法則です。

温かい地域 ← → 寒い地域

大きい　小さい

写真：Tim from Ithaca

フェネックキツネは大きな耳で熱を逃がし、ホッキョクギツネは熱が逃げにくい身体になる。

砂漠に生息するキツネ
フェネックギツネ

北極圏に生息するキツネ
ホッキョクギツネ

ヒトにも当てはまるこの法則！

　北方で寒い地域にあたるヨーロッパの西洋人は背が高く大柄で、南方の暖かい地域の東洋人が背が低く小柄なのは、ベルクマンの法則が当てはまります。
　同じく西洋人が鼻が大きいのは、冷たい空気を鼻で暖めてから肺に入れるためで、東洋人や黒人の鼻が低いのは、暖まった空気を速く外に出して体を冷やすためで、アレンの法則が当てはまります。

未知なる生物の世界へ!

フクロウナギ

地球上には、少なくとも300万種類以上の生物がいます。"生き物の不思議なかたち"をたくさん知ることは、彼らが生きている"不思議な場所"が、地球上にはたくさんあることを知ることになります。なぜ不思議なかたちになったのか、名探偵になった気分で理由を一つずつ考えて読んでみましょう!!

ホシバナモグラ

キリンオトシブミ

オオタルマワシ

ヤツメウナギ

生きた化石とは?

"生きた化石"といわれる生物は、すでに太古の時代に絶滅して化石でしか発見されないような生物と、今もからだの形がほとんど変わっていない生物のこと。地球の自然環境が何万、何億年の間に激しく変化する中で絶滅せずに生き残った奇跡の生物たちです。

1章
せすじもこおりつく！
見た目が恐すぎる生物

最も奇怪な謎だらけのサメ
ミツクリザメ

魚類

別名 ゴブリンシャーク（天狗鮫）　　学名 *Mitsukurina owston*

深海生物

| 凶暴度 | ■■□□□ | 進化度 | ■□□□□ | 不思議度 | ■■■■■ |
| めずらしさ | ■■■■□ | 変身度 | ■■■■■ | | |

ここがすごい！ 口からあごがエイリアンのように飛び出す

電気受容器
鼻先には電気受容器（ロレンチーニ瓶）が多数あり、生物が発生する微弱電流をキャッチし、光のない深海でエサを採れる。

牙
口は泳ぐときは収納され、かみつくときに鳥のクチバシのようなものが飛び出す。歯は細くカニやイカをはさむのに適する。

生息地：世界各地の1200mまでの深海

体長：4m

食べ物
深海のカニ、エビ、イカ

とくちょう
卵胎生のため、子ザメを出産。2つの子宮で複数の胎児が育つが共食いするため生まれるのは通常2匹。

深海にすむ謎のサメで、実際に泳ぐ姿を見た人は少ない。古代の特ちょうを残した生きた化石。不気味な顔のつくりは、深海での暮らしに適し、光のない世界でもエサを探し逃がさない。東京湾付近で幼魚が捕獲されたことも。

The World of Weird Creatures

1898年発見。名前は当時の日本の研究者・東京大学の箕作佳吉に由来。英名は日本人が天狗ザメと呼んでいたものを訳したもの。

せすじもこおりつく！見た目が恐すぎる生物

皮ふは生きているときは半とう明で、血液がすけて身体全体がうすいピンク色。死ぬと灰色になる。軟骨魚類なので、全身がやわらかい骨でできている。

写真：Dianne Bray Musium Victoria

淡水魚で最大級のするどい歯をもつ殺人魚
ゴライアス・タイガーフィッシュ

魚類

別名 ムベンガ　学名 Hydrocynus goliath

凶暴度	■■■	進化度	■■	不思議度	■
めずらしさ	■■	変身度	■■		

ここがすごい!! 魚類最大の牙は、一度かみつくと離さない

牙
牙はするどくとがり、トラの犬歯と同じくらい。口が広く開くように上あごには関節がある。

聴力
耳は浮き袋と内耳がつながっているウェバー器官によって、わずかな水中の音でも感知できる。

生息地：アフリカ　コンゴ川、タンガニーカ湖など

体長：1.5m　**体重**：50kg

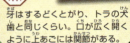

食べ物
魚、は虫類、小動物

食べたら… 特に唇の部分がおいしいらしい。

とくちょう
人間がおそわれる事故は多数報告される。水しぶきを上げるとおそう習性があり、ワニにでもおそいかかることも。

アフリカのコンゴ川にすむ大型肉食淡水魚。分類ではピラニアなどと同じグループで、日本には近い仲間はいない。流れの速いにごった川でも、確実に獲物を逃がさずに捕まえる口に進化している。

The World of Weird Creatures

19世紀末に発見。ゴライアスは旧約聖書に出てくる最強の巨人兵士（ゴリアテ）に由来。殺人魚で有名なサメ、ピラニア、バラクーダなどにおとらない大型モンスター魚。

体内に特殊なステロイドホルモンをもち、環境によって成長を早められる。危険な魚ではあるが、現地では肉がたくさんとれる大型魚として食用に。

せすじもこおりつく！見た目が恐すぎる生物

写真：Cedricguppy-Loury

深海の光るギャング
ホウライエソ
魚類

別名 バイパーフィッシュ　学名 *Chauliodus sloani*

深海生物

凶暴度 ■■
進化度 ■
不思議度 ■■■
めずらしさ ■■
変身度 ■

ここがすごい!! 光る肉食深海魚

発光
背ビレの先の発光器は、口の前に持ってきて照らせるようになる。泳ぐときは後ろ向きになる。

牙
獲物を逃さないするどい牙。自玉の2倍以上の長さをもつ。また、自分の身体と同じくらいの獲物を丸のみできる特殊なあごと伸縮自在の胃をもつ。

生息地：温帯地域の2500mまでの深海

体長：35cm

食べ物
深海の小魚、エビ

とくちょう
するどい牙でかみつき、牙をぬくときに上にはね上げる。まれに、獲物がぬけなくなって、死んでしまうことも。

1 500m級の深海に生息。お腹と背ビレの先が光り、暗い深海で光に集まる魚やエビをおびきよせて、長い牙をつきさして獲物を捕まえる。牙は、エサが少ない深海で、獲物を逃さず捕まえる武器に進化している。

The World of Weird Creatures

正月の蓬莱飾りに似ていることが名前の由来。英語のバイパーは、コブラやマムシなど攻撃的な毒ヘビのこと。

せすじもこおりつく！ 見た目が恐すぎる生物

"口げんか"のオバケ魚
サーカスティック・フリンジヘッド

魚類

別名 オオグチコケギンポ（仮名）　学名 *Neoclinus blanchardi*

凶暴度 ■■□□	進化度 ■■■□	不思議度 ■■■■
めずらしさ ■■□□	変身度 ■■■■	

ここがすごい！ 一瞬で大変身する怪魚

口
口を広げるのはライバルと争うときだが、えさを追い込むのにも使うことがある。

擬態
身体のデザインは、周囲のコケやイソギンチャクに似ている。

生息地
北米カリフォルニア周辺の浅い海の岩場

体長：30cm

食べ物
小魚、エビ、カニ

とくちょう
なわばり意識が強く気が短いが、オスが卵を守るめずらしい魚。卵に新鮮な海水が行くように、あおいだりする。

普段はギンポの仲間らしく、岩の割れ目や貝に身を隠す。しかし、なわばり争いでオスのライバルが来ると、自分の身体と同じ大きさに広がる口を開けて、いかくや押し合いをする。結婚するために進化した口を持つ魚。

The World of Weird Creatures

せまい場所に身体が入るように、ウナギのようにやわらかく身体が曲がる。くわしい生態調査や研究が進んでおらず、日本の和名もついていない。

せすじもこおりつく！ 見た目が恐すぎる生物

25

アイアイ

不吉な悪魔とされていた希少種

ほ乳類

別名 ユビザル（指猿）　学名 *Daubentonia madagascariensis*

凶暴度 ■■□□□	進化度 ■□□□□	不思議度 ■■■□□
めずらしさ ■■■□□	変身度 ■■■■□	ここがすごい！ 最もサルらしくないサル

聴覚
耳を自由に動かすことができ、木の中の幼虫の動きを聞き分けられる。

歯
ネズミのように、前歯が一生のび続ける。サルの仲間は普通は前歯はのびない。

爪
中指が細長くかぎ爪で、細い木の穴の中の幼虫をかき出すことができる。

写真：Rama

生息地：アフリカマダガスカル島の森林

体長：40cm　体重：2kg

食べ物
昆虫、果実、キノコ

とくちょう
現地では目が合うと親族が死ぬとされ、殺して白い布に包んでうめ、秘密にする風習があった。

アフリカのマダガスカル島だけに生息する、リスのように進化したサル。発見された当初は、前歯の特ちょうや樹上に巣を作ることなどからネズミの仲間と考えられた。童謡『アイアイ』は、このめずらしいサルを説明した歌。

The World of Weird Creatures

18世紀末にフランス人探検家に発見された。その後絶滅したと考えられていたが、1957年再発見。世界の動物園でもごく少数しか飼育例がない。アイアイは鳴き声に由来した名前。

せすじもこおりつく！見た目が恐すぎる生物

27

アカウアカリ

アマゾンの赤鬼

ほ乳類

別名 バルド・ウアカリ　学名 *Cacajao rubicundus*

- 凶暴度 ■
- 進化度 ■■■
- 不思議度 ■■
- めずらしさ ■■■
- 変身度 ■■

ここがすごい!! 心の優しい赤鬼

顔色
顔の赤さは、血管がすけているため。体調が悪いと色がうすくなる。

嗅覚
鼻の穴が横を向いており、霊長類の中でも嗅覚にすぐれている。

生息地：南米・アマゾン川上流域のジャングル

体長：45cm　体重：4kg

食べ物
果実、葉、昆虫

食べたら… アマゾンの先住民の食糧となり絶滅が加速。

とくちょう
温和で争いを好まない優しいサル。普段からおたがいの毛づくろいをし絆を深め、子どもも群れ全体で大切にする。

南米アマゾンにすむ謎のサル。顔には毛がなく真っ赤な色をしている。この色は血管がすけて見えているものなので、怒るとさらに赤くなる。視覚がすぐれた霊長類の仲間は、このような色でコミュニケーションをとる。

空飛ぶ馬の顔
ウマヅラコウモリ

ほ乳類

別名 ハンマーヘッド・バット　学名 *Hypsignathus monstrosus*

凶暴度	■■	進化度	■■■	不思議度	■■■
めずらしさ	■■■■	変身度	■■■		

ここがすごい！① 顔の大きな珍コウモリ

視覚
超音波で虫を探す小型のコウモリは目が退化しているが、フルーツを食べるコウモリは、色の識別もできるほど視力がいい。

せすじもこおりつく！ 見た目が恐すぎる生物

！ メス
馬のような大きな顔になるのはオスだけで、メスはキツネのような顔をしている。

鳴き声
「ブーブー」という鳴き声を鼻でひびかせて、求愛のためにメスに聞かせる。

生息地：アフリカ北西部（セネガル、コンゴ、ウガンダ）の森

体長：30cm　体重：450g

食べ物
果実

食べたら…現地では食用になる。

とくちょう
フルーツの果汁だけを飲むので、残りカスははき捨てる。ウンチ、オシッコ、出産も逆さのままする。

アフリカ北西部の森にすむコウモリ。フルーツを主食とするオオコウモリで、超音波よりは目で見てエサを探す。オスはメスの2倍の大きさで、鼻を鳴らす音でメスをさそうため、オスの鼻だけが進化して馬のようになった。

ハシビロコウ

生きてるの？ 動かない珍鳥

鳥類

別名 シュービル　学名 *Balaeniceps rex*

- 凶暴度
- 進化度
- 不思議度
- めずらしさ
- 変身度

ここがすごい!! 巨大クチバシをもつ怪鳥

! 目の色
瞳の色は金色だが、年をとると青色になる。

クチバシ
ほとんど鳴かないが、クチバシを高速でカタカタ鳴らすクラッタリングをあいさつで行う。

! シャワー
暑い日は、親はクチバシに水をためて、シャワーのようにヒナに浴びせる。

生息地：アフリカ東部（エチオピア、スーダン）の湿地

体長：1.2m　**体重**：5kg

食べ物：魚、カエル、昆虫、鳥のヒナ、ネズミ

とくちょう
アフリカの環境がきびしいので、ヒナは1羽しか育てない。2番目以降のヒナは見捨てられる。

アフリカの湿地に住む大形の鳥。巨大なクチバシをもち、ナマズやハイギョなど大きな魚を一飲みできる。ガマン強く、獲物を待ちぶせて数時間ほとんど動かないことも。アフリカの暑さに強いからだをもつ。

パヤラ

吸血鬼のような牙をもつ魚

魚類

別名 バンパイア・フィッシュ、ペーシュ・カショーロ　学名 *Hydrolycus scomberoides*

- 凶暴度 ■■■■
- 進化度 ■■
- 不思議度 ■
- めずらしさ ■
- 変身度 ■

ここがすごい① 現地では顔が凶暴な犬に例えられている

せすじもこおりつく！ 見た目が恐すぎる生物

牙
頭を下げて待ちぶせし、15cmの肉獣のような巨大な牙で魚の獲物をつきさしてとる。

光る
タチウオのようにウロコが金属的に光る。

群れ
群れで獲物を探すこともある。

生息地：南米アマゾン川、オリノコ川

体長：1m

食べ物
小魚

食べたら…現地では食用に捕獲。美味しいらしい。

とくちょう
恐ろしく凶暴そうな姿に似合わずおとなしい性格で気が小さく、魚以外にかみつくことはない。

南米アマゾン川の淡水魚。15cm以上になる下あごの牙は、まるで吸血鬼のよう。頭を下げて通りかかった小魚を、その牙をつきさして捕まえる。性格はおとなしい。視界の悪い川でえさを捕まえるために進化している。

環形動物

長さ3mの巨大肉食モンスター
オニイソメ

別名 ボビット・ワーム　学名 *Eunice aphroditois*

| 凶暴度 | ■■■ | 進化度 | ■ | 不思議度 | ■■ |
| めずらしさ | ■■ | 変身度 | ■■■ | | |

ここがすごい!! 気の荒い肉食ゴカイ

触覚
5本の触手を広げ、獲物に触れた瞬間に攻撃する。

歯
するどい歯を持ち、獲物の魚を瞬時に半分に切断できる。

疑似餌
身体が光の加減で7色に輝き、魚がおびき寄せられる。

生息地：世界の温帯の海の海底

体長：3m　直径：25mm

食べ物
魚

とくちょう
本来ゴカイは釣りのエサだが、オニイソメは逆に魚を食べるほど凶暴。しかしながらいまだ寿命や繁殖方法は謎。

超攻撃的な、長さ3mになる巨大ゴカイ。ただし、太さは25mm。巣穴から数cmだけ頭を出して、近くにいる魚などを捕まえて巣穴に引きずり込む。巣穴を高速に動けるような身体つきをしている。

性転かんする、おでこ巨大魚
コブダイ

魚類

別名 シープヘッド・ベラ　　学名 *Semicossyphus reticulatus*

凶暴度 ■■□□	進化度 ■■■□	不思議度 ■■■□
めずらしさ ■■□□	変身度 ■■■■	**ここがすごい！** メスで生まれて成長するとオスになる

! コブ
50cm以上のオスのみにあるコブ。中身は脂肪。年をとると下あごもふくれてくる。

せすじもこおりつく！見た目が恐すぎる生物

あごと歯
非常に強力なあごとかたい歯を持っている。のどの奥にも貝をかみくだく歯を持っている。

生息地：東アジアの温帯の海

体長：1m

食べ物
貝類、カニなど

🍴 食べたら…食用として人気がある。

とくちょう
大人は赤紫色、子どもはオレンジ色。ハーレムをつくり、なわばり意識が強いが、子どもは攻撃せず大切に守る。

東アジアの温帯の海に生息する海水魚。すべてメスで生まれて卵を産むが、50cmを超えるとコブがでてきてオスに性転かんする。オスとメスの大きさと模様があまりにちがうので、かつては別の種類と考えられていた。

小さなオスは、メスに寄生！

ミツマタヤリウオ

深海生物

魚類

別名 ブラック・ドラゴンフィッシュ　学名 *Idiacanthus antrostomus*

凶暴度 ■■	進化度 ■■	不思議度 ■■■
めずらしさ ■■	変身度 ■■■	

ここがすごい！① 幼魚は目玉が飛び出している

 歯
歯はするどく口の内側へたおれ、獲物が逃げられない。オスは口が小さく退化し、エサをとらない。

 発光器
目の下の大きな発光器で、深海で獲物をおびき寄せる。腹の下にも多数の小さな発光器がある。

生息地：世界中の400〜800mの深海

体長：メスは50cm、オスは8cm

食べ物
小魚、エビ

とくちょう 口を大きく開けたまま、獲物におそいかかる。光に集まる習性の魚やエビが発光器でおびき寄せられる。

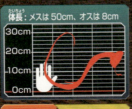

幼魚は海面近くにいて、2つの目玉が長く飛び出し、口先をふくめ、3つに分かれたやりのような姿。成長すると深海にすみ、目玉は普通の魚と同じ場所に収まる。オスはメスの5分の1ほどの大きさで、メスに寄生する。

ワラスボ

泥の中に住む『エイリアン』

魚類

別名 グリーン・イール・ゴビィ　学名 *Odontamblyopus lacepedii*

凶暴度 ■	進化度 ■■	不思議度 ■■■
めずらしさ ■■■	変身度 ■■	ここがすごい！稚魚にある目は成長すると退化する

せすじもこおりつく！見た目が恐すぎる生物

牙
口は大きく、牙が並んでいる。

視力
目は退化して、点くらいしかない。

移動
ウロコが退化してヌルヌルしているので、泥の中をすばやく移動できる。胸ビレは吸盤。

生息地：日本、中国、朝鮮半島の干潟に生息

体長：40cm

食べ物
小魚、カニ、ゴカイ

食べたら…食用にされ、コリコリした食感で美味。

とくちょう
恐ろしい姿をし、するどい牙を持っているが、かまれてもあまりいたくない。

ハゼの仲間の海水魚で、干潟の泥の中で暮らす。日本では有明海のみに生息する絶滅しそうな危急種。その見た目が映画の『エイリアン』に出てくるものにそっくり。その恐ろしい姿は、干潟の環境で暮らすのに適している。

魚に寄生する宇宙生物!?

ヤツメウナギ

魚類

別名 ランプレイ　学名 *Lampetra japonica*

凶暴度	■■
進化度	■
不思議度	■■■
めずらしさ	■
変身度	■■

ここがすごい! あごを持たない原始魚

! 2つのヒレ
尾ビレと背ビレのみで他のヒレはない。ウロコは退化して、ない。

吸う
吸盤状の口で獲物の魚に吸い付き、皮ふ、筋肉、体液を溶かしながら吸い取る。

写真：Drow_male

生息地：東アジアの温帯～寒帯の海と川

体長：50cm

食べ物：魚

食べたら…かば焼などで食べられ、美味しい。

とくちょう　"魚類"に入れるべきかどうか意見が分かれるほど、不思議な生物。海で2、3年暮らし、川で産卵後死ぬ。

ウナギと名前がついているが、ウナギとは全く異なる生物で、脊椎動物の祖先に近いと考えられている。海で幼魚時代をすごし、淡水の川にもどって産卵する。ヤツメ（八つの目）にみえるのは、原始的なエラの穴。

カエルなのに猫の目？
ネコメガエル

両生類

別名 ロウガエル　学名 *Phyllomedusa sauvagii*

| 凶暴度 | ■ | 進化度 | ■ | 不思議度 | ■ |
| めずらしさ | ■■ | 変身度 | ■ | | |

ここがすごい!! 乾燥に強いカエル

防衛
皮ふからロウが出て、乾燥を防いでいる。

せすじもこおりつく！見た目が恐すぎる生物

猫の目
光の調節が優れていて、明るいところではネコの目のように細くなる。

生息地：南米（アルゼンチン、パラグアイほか）の森林

体長：7cm

食べ物
昆虫

とくちょう
ロウを身体にぬって乾燥を防ぎ、は虫類とおなじ仕組みで尿酸にかえたオシッコをし、水分の排出を防ぐ。

南米に住むアマガエルの一種で、夜行性に適したネコのような目。皮ふから水をはじくロウを分ぴつし、乾燥を防ぐ。普通のカエルは皮ふ全体から水を吸収するが、口から水を飲む。下に水たまりがある葉の上に産卵する。

びっくり仰天！世界最小生物

指先や手のひらサイズの、びっくりするほど小さい生き物たち。なぜこれほどに小さいのか？ どんな暮らしをしているのか？ 謎めくスモールワールドにようこそ。

脊椎動物の中で最小の生物

パエドフィリネ・アマウエンシス

2009年に発見された世界最小のカエル。すべての脊椎動物の中でも最も小さく、大人でも体長7.7mmと1cmに満たない。パプアニューギニアの熱帯雨林のかれ葉の下にいて、オスは虫のように高音の美しい声で鳴く。世界中にはまだ知られていないカエルが数多くいる。

体長 7.7mm
体重 0.1g

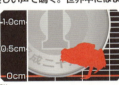

学名／*Paedophryne amauensis*

は虫類最小の座はカメレオン！

ミクロヒメカメレオン

体長 2cm　体重 0.2g　21世紀に入って発見された新種で、すべてのは虫類の中で最も小さい。大人になっても、重さはわずか0.2gほどという小ささ。マダガスカルの森林に住み、くさった果実のそばで、ショウジョウバエなどが集まってくるのを待ちぶせしている。成長すると尾の先がオレンジ色になる。

学名／*Brookesia micra*

ヒトの指

学名 *Craseonycteris thonglongyai*

最も小さなほ乳類のひとつ

キティブタバナコウモリ（バンブルビー・バット）

体長 3cm　体重 2g

大人で体長3cmという、小さいスプーンの先くらい大きさのコウモリ。1000種類近くいるコウモリの中で最小であり、すべてのほ乳類としても最小クラスの小ささ。タイ西部の熱帯雨林の洞窟に住む。昆虫食で500頭くらいの群れをつくるが、コウモリ洞窟の観光客が増えて絶滅の危機に。

昆虫のような世界一小さな鳥

マメハチドリ（ビー・ハミングバード）

大人で一円玉2枚分の体重しかなく、ヘリコプターのように空中で静止して飛べる鳥。そうして1日に自分の体重の1.5倍も花のみつを吸う。キューバの森林・草原に生息するが、あまりに小さいので、昆虫と見まちがえる。

体長 6cm
体重 2g

学名 *Mellisuga helenae*

学名 / *Microcebus myoxinus*

🔍 ハツカネズミと同じ大きさのサル
ピグミーネズミキツネザル

体長 6cm　体重 30g　世界に約200種類いるサルの仲間の中で最小であり、最大のゴリラの1万分の1の大きさだ。1992年にマダガスカルの森林で発見された原始的なサル。夜行性でくわしい生態がわかっていないが森林破壊で、生態が謎のまま絶滅の危機にある。

🔍 手のひらにのる最小のシカ
ジャワマメジカ（マウス・ディア）

体長 30cm　体重 2kg　インドネシアの森林に生息する世界最小のシカ。大人で小さいウサギくらいの大きさしかない。ひづめをもつ草食動物としても世界最小。角はないが牙がある、3000万年以上前から姿を変えない、原始的な生物でもある。

学名 / *Tragulus javanicus*

🔍 極小のカンガルーの祖先？
ハナナガネズミカンガルー

体長 35cm　体重 1Kg　オーストラリア、タスマニアの森林に生息する最小のカンガルーの仲間。カンガルー科と分かれたネズミカンガルー科は、太古のカンガルーの祖先が森林で生活していたころのままの生態と身体の形を残す原始的な仲間。後ろ足は大きく進化してない。

学名 / *Potorous tridactylus*

2章
思わず笑っちゃう！
へんてこ生物

テングザル

ほ乳類

アジアに本当にいる天狗!?

別名 プロボーシス・モンキー　学名 *Nasalis larvatus*

凶暴度 ■	進化度 ■■	不思議度 ■■■
めずらしさ ■■■	変身度 ■■	

ここがすごい！ 大きな鼻の謎のサル

反すう
お腹が大きいのは、主食の葉を消化するために腸が長いため。牛のように食べたものを反すうできる。

鼻はかざり
大人のオスは鼻が大きくなるが、嗅覚が優れているわけではなく、かざりである。

泳ぐ
サルではめずらしく、泳ぎが得意である。足の指の間には水かきがある。

生息地：東南アジア（インドネシア、マレーシアなど）のマングローブ林

食べ物：葉、果実

体長：70cm　**体重**：20kg

とくちょう
大きくなりすぎた鼻は、食事のときにじゃまになり、自分で手で上に持ち上げて食べることがある。

東南アジアに生息する、鼻の大きなめずらしいサル。その姿は妖怪の天狗と似ている。ただし、大きな鼻はオスだけにあり、メスは体重も半分ほど。テングザルにとって鼻は求愛の道具で、大きい鼻のオスほどメスにモテる。

The World of Weird Creatures

テングザルは10～30頭で群れをつくるが、その中に大人のオスは1頭だけ。

思わず笑っちゃう！へんてこ生物

マレーグマ

ヒグマの10分の1ほどの最小クマ！

ほ乳類

別名 ドッグ・ベア（犬熊）、サン・ベア（太陽熊）　学名 *Helarctos malayanus*

凶暴度 ■■	進化度 ■	不思議度 ■■
めずらしさ ■■■	変身度 ■	

ここがすごい！ 小さな体と、長い舌

嗅覚
目は小さく視力は弱いので、あらゆることを嗅覚にたよっている。

長い舌
30cm以上のびる舌をもつ。昆虫やハチミツを食べるのに便利。

爪
クマらしくするどいかぎ爪がある。この爪を使った木登りが得意。

生息地：東南アジア（インドネシア、タイ、ベトナムほか）の森林

食べ物：果実、ハチミツ、昆虫、小動物

食べたら…薬として食べられてきた。

体長：120cm　体重：40kg

とくちょう：上質の毛皮や漢方薬の原料で乱獲されて絶滅にひんしている。

東南アジアにいる地球上で最も小さいクマ。暑い地域で暮らすため、熱がこもりにくく、冷やしやすいように、身体が小さく進化した。長い舌を持ち、ツキノワグマと同じように、胸に"月の輪"の白い模様がある。

サイガ

ゾウの鼻とシカの角を持ったウシ

ほ乳類

別名 オオハナレイヨウ　学名 *Saiga tatarica*

- 凶暴度 ■
- 進化度 ■■■
- 不思議度 ■■■
- めずらしさ ■■■■
- 変身度 ■■

ここがすごい!! 寒い場所で役立つ大きな鼻をもつ

思わず笑っちゃう! へんてこ生物

! マーキング
目の下には木にこすりつけてマーキングする分びつ腺がある。

! 鼻
ゾウのような鼻。冷たい空気で肺がこおらないように、鼻の中で暖めることができる。

➡ 移動
最高速度時速80kmを出すことができ、1日で120km移動することがある。

生息地: 中央アジア(ロシア、カザフスタン、モンゴル)の草原

体長: 130cm　体重: 50kg

食べ物: 木の葉、草(イネ科など)

食べたら…角、皮のために乱獲。肉も食す。

とくちょう
20世紀初めに1000頭を切った。20世紀半ばに保護され200万頭まで回復。再び乱獲で現在300頭程度に。

中央アジアに生息するレイヨウ(カモシカの仲間)。寒帯でくらすサイガは、冷たい空気を一度暖めて肺におくるために、鼻が大きく進化した。人間の手により、この100年で絶滅寸前と回復をくり返す不幸な珍獣。

フクロモグラ

砂の中で一生をおくる謎のほ乳類

ほ乳類

別名 マースピアル・モール　学名 *Notoryctes typhlops*

- 凶暴度：■
- 進化度：■■■
- 不思議度：■■■■
- めずらしさ：■■■
- 変身度：■■■

ここがすごい！ モグラになった謎のカンガルー？

視覚・聴覚
目は退化して小さい穴しかない。耳たぶ（外耳）は退化してない。

嗅覚
鼻の周りの毛で振動を感じ、鼻の奥にあるヤコブソン器官でにおいをかぎ分ける。

生息地：オーストラリア

食べ物
昆虫、虫の幼虫、トカゲなど

体長：15cm　体重：50g

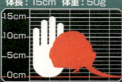

とくちょう 砂漠のために、通路がトンネル状に残らずくずれるため、探すのが困難。どのようにオスとメスが出会うのか謎。

オーストラリアで唯一土の中で一生をおくるほ乳類。砂漠地帯に生息する。モグラとは全く別の動物で、カンガルーと同じ有袋類。発見例がほとんどないため、その生態は謎に包まれている。

鼻が"お星さま"になったモグラ
ホシバナモグラ

ほ乳類

別名 スターノーズ・モール　学名 *Condylura cristata*

凶暴度	■■	進化度	■■	不思議度	■■
めずらしさ	■■■	変身度	■■		

ここがすごい! 鼻が指先のようになって情報をキャッチ

◎ アイマー器官
鼻からのびた触手には、アイマー器官とよばれるセンサーがそなわり、食べ物かどうかを瞬時に判断できる。

❗ なめらかな毛
毛はほ乳類の中で、最もなめらかで美しい。土の汚れが付くことがない。

✊ 爪
土を掘るのに最適なシャベルのような爪。モグラはこの手を使って泳ぎも得意。

思わず笑っちゃう！へんてこ生物

生息地：北アメリカ

体長：10cm　体重：60g

食べ物
ミミズ、昆虫

とくちょう
特殊な鼻のおかげで、普通のモグラより行動的で地上によく出る。泳ぎも得意で、水辺のミミズも狩りにいく。

モグラは不思議なほ乳類だが、その中でも特に変わっているのがホシバナモグラ。退化した目の代わりに、星形の指のような触手が鼻から出ている。このセンサーで、土の中にいるエサを見つけることができる。

シュモクザメ

もっとも不思議な顔のサメ

魚類

別名 ハンマーヘッド・シャーク　学名 Sphyrna lewini

| 凶暴度 | ■■□ | 進化度 | ■■□ | 不思議度 | ■■■ |
| めずらしさ | ■■□ | 変身度 | ■■□ | | |

ここがすごい！ まれに人食いザメになることも

繁殖
まれにメスだけで繁殖することがある（単為生殖）。卵胎生で子供を一度に15匹以上出産する。

電気感知器
頭の先には電気感知器（ロレンチー二瓶）があり、生物が出す弱い電気を感知でき獲物を捕まえる。

生息地：全世界の温帯の海

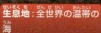

体長：3m

食べ物
魚、イカ、タコ

食べたら…臭みがある。

とくちょう 気が小さく神経質なサメで、ダイバーのはく泡の音をきらって逃げてしまうという。

翼のような頭の先に眼と鼻孔があるサメ。頭の先の部分の電気感知器で、獲物となる生物を見つけることができる。サメの仲間ではめずらしく大きな群れをつくり、時には数百匹になることも。乱獲で数が激減している。

シュモク（鐘木）とは、お寺のかねを鳴らすカナヅチのこと。

目がはなれすぎたハエ
シュモクバエ

昆虫

別名 ストークアイ・フライ　学名 *Diopsidae family*

| 凶暴度 | ■□□□□ | 進化度 | ■■■□□ | 不思議度 | ■■■■□ |
| めずらしさ | ■■□□□ | 変身度 | ■■□□□ | | |

ここがすごい！ 目がはなれているほどモテる

思わず笑っちゃう！ へんてこ生物

！ 眼
オスもメスも左右に突きだした眼を持っている。

吸う
口から胃液をだして、溶かして食べやすくしたものを吸う。

触覚
前脚の先に味のわかるセンサーがあり、手で触って食べられるものか確かめる。

写真：Drow_male

生息地：アフリカ、東南アジアなどの熱帯雨林

体長：25mm

食べ物
腐敗した動物や植物

とくちょう じゃまな長い眼
をもつオスは、ハンディがあってもより生きる能力が高いとメスが判断し、モテると考えられる。

アフリカや東南アジアにいるハエの仲間。眼がはなれているのが特ちょうで、長ければ長いほど、オスはメスにモテる。オス同士がメスをめぐって争うときには、眼のはなれ具合を見せ合って、平和的に勝敗を決める。

49

ヨツコブツノゼミ

その形は、まさに進化の芸術品

昆虫

擬態生物

別名 ブラジル・リーフホッパー、ベル・ベアラー　学名 *Myrmecocystus*

| 凶暴度 | ■□□□□ | 進化度 | ■■■■□ | 不思議度 | ■■■■□ |
| めずらしさ | ■■■□□ | 変身度 | ■■□□□ | | |

ここがすごい! 形の意味がまったくの謎

コブ
何の役に立つかわからない。

走る
縦横好きな方向にすばやく走り回る。あまり飛ばない。

吸う
セミと同じように口の部分がストローのようになっていて、植物に刺して葉液を吸う。

生息地：南米コスタリカの熱帯雨林

体長：5mm

食べ物
葉や茎から液を吸う

とくちょう
ツノゼミのデザインは、アリやハチに見えるものや植物のトゲに擬態したり、毒のあることをアピールするものもいる。

ツノゼミは広い意味でセミの仲間。2cm以下の小型のものが多く、色やデザインはどれも不思議なものばかり。ヨツコブツノゼミは、謎のコブが4つ頭についている。それらが何の役に立っているのか、ほとんどが説明できない。

The World of Weird Creatures

エボシツノゼミ
植物からの毒をためていることをアピールする白黒模様。

思わず笑っちゃう！ へんてこ生物

ミカヅキツノゼミ
複雑な形で、動かないと生き物に見えない。これらが生き残れる、パズルのような森の世界があることが想像できる。

オオズアリ

超頭でっかちアリ

昆虫

別名 ブギオオズアリ　学名 *Pheidole barbata*

凶暴度 ■■	進化度 ■■■	不思議度 ■■■■
めずらしさ ■■	変身度 ■■■	

ここがすごい! 頭はでかいが、気は小さい!?

!頭
体長の半分近くある大きな頭を持つ。

生息地：東アジア(沖縄、小笠原含む)の森

体長：4mm

食べ物
動植物の死骸、果実など

とくちょう
大きな頭の大型の兵隊アリは、外敵の攻撃を受けると、すぐに巣の奥にかくれ、小型の兵隊アリだけになる。

東アジアに生息するアリ。同じ女王アリから大きさがちがうメスの兵隊アリが2種類生まれる。一方は、通常のアリのサイズだが、もう一方は、体長の半分近くをしめる頭でっかちな、異様な姿をしていて、体長も2倍以上の大きさ。

ミツツボアリ

自分のおなかを貯蔵庫にするアリ

別名 ハニーポット・アント　学名 *Myrmecocystus sp*

昆虫

凶暴度		進化度		不思議度	
めずらしさ		変身度			

ここがすごい！ 仲間のためにがんばる貯蔵アリ

思わず笑っちゃう！ へんてこ生物

!貯蔵
直径2cmくらいまで、腹部にミツをためることができる。

→脚力
ミツで大きくなったアリは、巣では天井につかまっても落ちない脚力をもっている。

生息地：オーストラリアの砂漠地帯

食べ物
動植物の死骸、花のミツ

🍴 食べたら…先住民のおやつだった。

体長：1cm

とくちょう オーストラリアの先住民アボリジニは、このアリをおやつ代わりにアメのように食べていたという。

オーストラリアに生息するアリで、花のミツをおなかにはち切れるほど大量にためこむ。花が少ない砂漠にすみ、食べ物がなくなると口移しで仲間にミツをあげられるように進化した。ただし、貯蔵アリはすべてメスである。

キリンのように首が長い虫
キリンオトシブミ

昆虫

別名 キリンクビナガオトシブミ　学名 *Trachelophorus giraffa*

擬態生物

凶暴度		進化度		不思議度	
めずらしさ		変身度		ここがすごい！ 形だけでなく行動もユニーク	

擬態
羽の赤い色と長い首は、ノボタンなどの木の実と枝に擬態していると考えられている。

長い首
オスの首はメスの首の2〜3倍長い。卵を産む葉を丸めるのに、長い首は7本目の脚として便利。

生息地：アフリカ・マダガスカル島の森林

食べ物
葉

体長：25mm

とくちょう
幼虫のエサの葉に卵を産み、丸めてゆりかごを作り、地面に落とすのは、敵から幼虫を守る効果もある。

アフリカのマダガスカル島に生息する昆虫で、オトシブミというゾウムシの仲間。葉に卵を産み付けて、きれいに折りたたんで丸めて地面に落とす行動から、"落とし文（手紙）"という名がつけられた。

ボウバッタ

ナナフシのような棒のバッタ

昆虫 別名 スティック・グラスホッパー　学名 *Pseudoproscopia scabra*

擬態生物

凶暴度	■	進化度	■■■	不思議度	■■
めずらしさ	■■	変身度	■■■		

ここがすごい！ 武器を持たない平和主義者

取れやすい脚
脚は取れやすくなって、敵におそわれたときのおとりにする。

擬態
木の枝そっくりな体。

思わず笑っちゃう！　へんてこ生物

生息地：南アメリカの熱帯雨林

体長：15cm

食べ物：葉

とくちょう　正体がばれてしまうと、足がおそく、羽はあるが退化して飛べないのでピンチになる。

南米アマゾンに生息する大型のバッタ。ナナフシと同じように木の枝に擬態して、天敵に気づかれないようにして生きのびる。枝を食べる動物は少ないので、食べられないものの形になることで、身を守る戦術。

ピノキオのような鼻の新種カエル
ピノキオガエル

両生類

学名 未定（アマガエル科？）

| 凶暴度 | ■ | 進化度 | ■ | 不思議度 | ■■■■ |
| めずらしさ | ■■■ | 変身度 | ■■ | ここがすごい!! 謎だらけの新種カエル | |

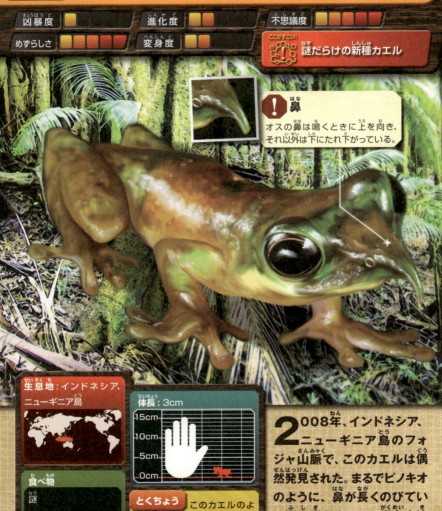

! 鼻
オスの鼻は鳴くときに上を向き、それ以外は下にたれ下がっている。

生息地：インドネシア、ニューギニア島

体長：3cm

食べ物
謎

とくちょう このカエルのように、21世紀に入っても新種が見つかる可能性が高いのは、陸上生物では昆虫類と両生類。

2008年、インドネシア、ニューギニア島のフォジャ山脈で、このカエルは偶然発見された。まるでピノキオのように、鼻が長くのびている不思議なカエル。学名も決まっておらず、その生態もまったく謎のまま。

ゴースト・グラス・フロッグ

目玉に不思議な模様があるカエル

両生類 ／ 擬態生物

別名 アマガエルモドキ、ガラスガエル　学名 Centrolene ilex

凶暴度	■■□□□	進化度	■■□□□	不思議度	■■■□□
めずらしさ	■■■■□	変身度	■■□□□		

ここがすごい！ 謎の模様のへんてこな目

とう明
ガラスのようにからだがすけて、周囲に溶け込むことができる。

不思議な目
光の調節にすぐれた瞳を持っているが、模様の理由は謎。

思わず笑っちゃう！ へんてこ生物

生息地
中南米（コロンビア、コスタリカ、ニカラグア）の湿地帯

体長：3cm

食べ物
小型の虫

とくちょう
なぜ眼に不思議な模様ができるのか解明されていない。

2010年、南米のアマゾンで発見された、不思議な模様の目玉をもつ謎のカエル。アマガエルに似ているが、おなかがとう明で内臓がすけて見える。このため周囲の色に溶け込みやすくなり敵に見つかりにくい。

アガマトカゲ

スパイダーマンそっくりのトカゲ

は虫類

別名 スパイダーマンリザード、レインボーアガマ　学名 *Agama agama*

| 凶暴度 | ■■□□□ | 進化度 | ■■■□□ | 不思議度 | ■■■□□ |
| めずらしさ | ■■□□□ | 変身度 | ■■■■□ | | |

ここがすごい！ すばしっこさもスパイダーマンのよう

爪
すばしっこく、ジャンプ力もあり、垂直のかべも登ることができる。

体の色
派手な色は婚姻色で、キレイな色のオスがモテる。オス同士の争いは、首を激しく縦にふる。

生息地：東アフリカ（ケニア、タンザニア、ルワンダ）の乾燥地帯

体長：20cm

食べ物
昆虫、幼虫

とくちょう
オスはメスのために求愛ダンスをする。ダンスと言うよりは、うで立てふせのような動きでアピール。

アフリカ東部の岩場などに生息するトカゲ。オスは上半身が赤く、下半身が青色をしている。その姿とカラーリングは、スパイダーマンとうり二つ。色がきれいであるほどモテる。メスの体色は茶色である。

カギムシ

進化の流れがわかる昆虫の祖先!

有爪動物

別名 ペリパトス、ベルベット・ワーム　学名 *Peripatus novaezealandiae*

- 凶暴度
- 進化度
- 不思議度
- めずらしさ
- 変身度

ここがすごい! 肉食で接着剤を獲物に噴射

捕食
すばしっこい虫を補食するのに、ネバネバの接着剤をスプレーのように吹き付けて固めてしまう。

かぎ爪
イボ状の原始的な足の先に数個のかぎ爪がある。

歯
歯は強力で、カタツムリの殻もかみくだいてしまう。

思わず笑っちゃう! へんてこ生物

生息地: 東南アジア、オーストラリア、南米の熱帯雨林

体長: 10cm

食べ物: 昆虫、カタツムリ、小動物

とくちょう
日本には生息しない。ミミズ→カギムシ→ヤスデ→昆虫のように節足動物の進化を想像させる生きた化石。

ムシと名がつくが、虫ではない。ミミズのような原始的な生物から脚ができて、節足動物になる過程がよくわかる有爪動物。肉食で、獲物の虫にネバネバの接着剤を吹き付け、動けなくして食べる。

59

フウリュウウオ

三角頭の海底を歩く魚

魚類

別名 バット・フィッシュ　学名 *Malthopsis lutea*

凶暴度 ■■	進化度 ■■■	不思議度 ■■
めずらしさ ■■	変身度 ■■	

ここがすごい！ 鼻毛の様に、疑似餌が飛び出す

歩く
胸ビレと腹ビレを足のようにして、海底を歩く。

疑似餌
とんがった鼻の中から、アンコウのような疑似餌（エスカ）が飛び出す。

生息地：カリブ海周辺の浅い海

体長：30cm

食べ物
ゴカイ、エビ、カニ

とくちょう ヒレが進化して手足のようになる過程を見ることができる貴重な魚。

アンコウの遠い親戚の生物で、海底を歩いて移動する。エサとなる小魚をおびき寄せる疑似餌（エスカ）は、退化してとても小さい。英語では、その姿形からバットフィッシュ（海のコウモリ）と呼ばれている。

The World of Weird Creatures

あいらしいくちびるをもつ、おじさんのような顔の魚。背中には小さなトゲがはえている。

思わず笑っちゃう！　へんてこ生物

鼻のように見えるところから、疑似餌のエスカが飛び出す。

珍獣ハンターツール

貴重な動物の存在が確認できれば、傷つけずに捕獲し調査ができます。そのための特殊な道具や方法をラインナップ。

陸の生物 捕獲アイテム

動物の習性に合わせて、ワナをしかけて生けどりにします。

ライトトラップ（カーテン法）

夜間、昆虫が光に集まる習性を利用して、白い布を野外に張り、その布に蛍光灯を当てて待っていると昆虫が集まって目的の虫を採集できる。

光に引き寄せられて虫たちが集まってくる。

バッテリー内蔵のため発電機がなくても使用できる HID ライト。50W（5200 ルーメン）で約 1 時間 30 分、30W（2700 ルーメン）で約 2 時間 20 分点灯できる。

写真提供：灯火総研

吸虫管

小さくて手の指で捕まえられないほどの虫は、掃除機のように口で吸って捕獲する。口の中に吸い込まないように、途中にビンがついている。

陸の生物

ピットフォールトラップ

微生物を小さい落とし穴(墜落缶)で採集。とうみつや腐肉、さなぎ粉などの誘引えさ(ベイト)でおびきよせる。雨よけに、缶やカップの底に水ぬき穴をあけ、屋根をつける。

写真：Mnolf

箱罠

エサでおびき寄せて、とびらが自動的に閉まって閉じ込めるワナ。ネズミからクマまで動物の習性や大きさによってさまざまな箱罠がある。

写真提供：栄工業

箱罠にイタチがはいっているところ。

トラップ

動物の通り道にしかけて、ふむと足がはさまれて逃げられなくなる。主に害獣を駆除するのに使われる。

治療アイテム

万が一毒虫に刺されたら！

ポイズンリムーバー

口の広い注射器のようになっていて、刺された傷口から毒を吸い出す。野外調査のときは、ハチやヘビの応急手当のために携帯しておく。

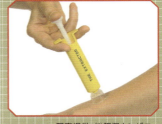

写真提供：㈱飯塚カンパニー

足くくり罠

動物がいつも通るけもの道にしかけて、そこを通るとワイヤーが足をとらえて逃げられないようにする。

写真提供：栄工業

左：開いているとき　右：閉じたとき　写真提供：栄工業

珍獣ハンターツール

水中の生物 捕獲アイテム

陸上生物とのちがいは、生物の習性を理解していないと捕まらない点。
さらに捕獲したあとの輸送もむずかしい。

活魚輸送車

貴重な研究用の魚を水族館や研究所に輸送するための車。水をきれいにするろ過装置、温度・酸素コントロール装置などが装備されている。

イルカ・シャチの輸送用担架

イルカを健康診断や治療したり、水族館へ移送するときにつり上げる専用担架。ヒレが出る穴があり、皮ふを乾燥させず手入れがしやすくなっている。

写真提供:名古屋港水族館

サンショウウオ&ウナギ・トラップ

せまい場所を好む習性と、川の流れを利用した捕獲器。すき間から水が流れ、生物だけ捕獲できる。トラップには一度入ると出られないような返しが内側についている。

左:ウナギ用の「うけ」。さまざまなサイズがある。
右:サンショウウオもねらえる4尺(約1.2m)の「うけ」。

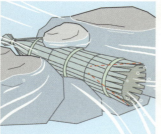

「うけ」を使ったハコネサンショウウオの捕獲法

写真提供:藤倉商店

水中の生物

カメ用トラップ

水辺で日中にこうら干しを好むカメの習性を利用したワナ。こうら干し台をつくり、おどろくとあみの方向に飛び込む習性で捕獲する。

カニアミ（カニカゴ）

死んだ魚などをカゴの中に入れて沈めておくと、エサに釣られてカゴの中に入ってくる。出にくい入り口になっているのでカゴを引き上げて捕獲する。

鵜飼い

日本の伝統漁法で、鵜に、なわを付けて魚の漁をさせるように訓練する。はき戻させて生きたまま魚を捕獲することができる。

タコつぼ

タコが穴に入る習性を利用して、つぼを沈めておき、つぼを引き上げるとタコを生け捕りにできる。

写真提供：平郡漁協青壮年部

珍獣ハンターツール

空の生物 捕獲アイテム

空を飛ぶ生物を生け捕りにするのは、とてもむずかしい。
いくつかの方法を紹介します。

あみわな（片無双）

田んぼや草原など広い場所で、鳥類を捕獲するワナ。手づなを引いて大きなあみを野鳥にかぶせて生け捕りにする。

デコイ

警かい心の強い水鳥などにそっくりの鳥の人形をおいておくと、鳥は仲間がいる安全な場所だと思って飛来してくる。

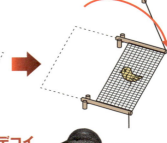

投げあみ（坂あみ猟）

渡り鳥の決まった飛翔ルートに向かってあみを投げて捕獲する方法。石川県の坂あみ猟は無形文化財になっている。

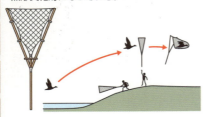

コウモリ捕獲ワナ ハープトラップ

楽器のハープのように、糸が四角いフレームに縦に張ってあり、飛んできたコウモリがぶつかって下の袋に落ちて捕獲するトラップ。

コウモリを捕獲したところ。

写真提供：GISupply

 注意 野生動物の捕獲やワナの使用は、狩猟免許と都道府県の許可が必要な場合が多いので、必ず確認の上行ってください。

3章
あっとおどろく！
秘密兵器をもつ生物

サバクツノトカゲ

眼から血を噴射して攻撃

は虫類

別名 デザート・ホーン・リザード　学名 *Phrynosoma platyrhinos*

| 凶暴度 | ■■□ | 進化度 | ■□□ | 不思議度 | ■□□ |
| めずらしさ | ■■□ | 変身度 | ■□□ | | |

ここがすごい! アリを主食にする温和なトカゲ

血液
血液は眼のすぐ横の噴射口から出ているので、眼は問題無い。

舌
舌はカメレオンのように長くのびて、アリを次つぎに飲み込むことができる。

生息地:北アメリカ西部の砂漠

体長: 10cm

食べ物
アリ

とくちょう 温和でおくびょうなトカゲなので、簡単には必殺武器は使わない。最後の最後に出す奥の手。

北米の砂漠や荒地に生息するトカゲ。舌を使ってすばやく主食のアリを食べる姿はかわいいが、敵に追いつめられると、血液を眼から水鉄砲のように敵の顔めがけて噴射する。身を守るためにあみだした、命がけの必殺技。

The World of Weird Creatures

目から発射する血液には、アリなどから取り込んだオオカミなどがいやがる物質が含まれている。

あっとおどろく！ 秘密兵器をもつ生物

まず逃げて、それでダメなら身体をふくらます。それでもダメなら鳴きわめき、かんだり暴れたりする。最後の手段で血液噴射が出る。

ワラストビガエル

空飛ぶカエル!!

両生類

別名 フライング・フロッグ　学名 *Rhacophorus reinwardtii*

| 凶暴度 | ■ | | | | 進化度 | ■ | ■ | ■ | ■ | 不思議度 | ■ | ■ | | |
| めずらしさ | ■ | ■ | ■ | | 変身度 | ■ | | | | | | | | |

ここがすごい! 空を滑空するカエルでは最大の種

滑空
長い指の間にある大きな水かきは、泳ぐためではなく、高い木からジャンプして滑空するために使われる。

指の吸盤
指先の吸盤も強力で、滑空して着陸先の木にピタッと着くことができる。

生息地：東南アジア(マレー半島、ボルネオ島など)の熱帯雨林

体長：10cm

食べ物
昆虫など

とくちょう 19世紀の進化学者ウォーレス(=ワラス)の発見にちなんで命名。オスはメスの半分の大きさ。その生態は謎。

東南アジアのジャングルに生息。普段は高い木の上(樹冠)にいるが、繁殖期だけ下りてきて水たまりのある葉の上に泡の巣をつくり産卵する。指の間の水かきを、翼やパラシュートにして水平距離15mを滑空できる。

パラダイストビヘビ

空飛ぶ毒ヘビ!!

は虫類 / 有害生物

別名 フライング・スネーク　学名 *Chrysopelea paradisi*

- 凶暴度 ■
- 進化度 ■■■■
- 不思議度 ■■■■
- めずらしさ ■■■
- 変身度 ■■■■

ここがすごい! 空から毒ヘビが飛んでくる恐怖!

あっとおどろく！秘密兵器をもつ生物

滑空
飛ぶときは、おなかの肋骨を広げて、丸い身体を平べったい形に変形させニョロニョロうごく。

毒
トカゲを殺すための弱い毒を後牙にもっている。

生息地：東南アジア（タイ、インドネシアほか）の熱帯雨林

体長：1.2m

食べ物
樹上性のヤモリやカエル

とくちょう
熱帯雨林のジャングルでは、地表の足場が悪いことが多く、滑空が有効な移動になる。

東南アジアのジャングルに生息するヘビ。普段は樹上でくらしているが、ジャンプして水平距離100m以上滑空することができる。狩りをしたり、天敵から逃げるために、空中を使ってすばやく移動できるように進化した。

空飛ぶイカ!!
トビイカ

軟体動物

別名 フライング・スクイッド　学名 *Sthenoteuthis oualaniensis*

凶暴度	■■	進化度	■■■	不思議度	■■■
めずらしさ	■	変身度	■■		

ここがすごい! 50mも滑空する驚異のイカ

滑空
背中側にある、スミやはいせつ物などを出す「ろうと」から吸い込んだ水をジェット噴射して水面を飛ぶ。秒速10m以上のスピード。

膜とヒレ
脚の膜を翼がわりに広げて飛ぶ。先にあるヒレは、翼のように広げてよう力（うきあがる力）をつける。羽ばたくことはない。

生息地：インド洋〜太平洋の温暖な海

体長：40cm

食べ物
魚、エビ、カニ

食べたら…スルメイカに近い味。

とくちょう トビイカ以外にスルメイカも海面上を長距離滑空できる。20cmくらいまでの若いイカしか重くて飛べない。

おどろくと海中からミサイルのように飛び出して、海面上を最大50mほどグライダーのように滑空する。100匹ほどが群れで飛行することがしばしば目撃される。海中の天敵から一瞬で姿を消すための行動。

The World of Weird Creatures

トビイカ、アカイカ、スルメイカなどが、
空を飛ぶ姿が目撃されている。

あっとおどろく！ 秘密兵器をもつ生物

いきおいよく水面から飛び出し、
ヒレを広げてグライダーのように滑空する。
空を飛べるのは、大きくなる前の若いイカだけ。

提供：北海道大学
撮影：村松康太

ヒヨケザル

空飛ぶ謎のサル?

ほ乳類 | 別名 コウモリザル | 学名 *Cynocephalus variegatus*

擬態生物

- 凶暴度: ■
- 進化度: ■■
- 不思議度: ■■
- めずらしさ: ■■■
- 変身度: ■■■

ここがすごい! くわしい生態が未解明の謎のほ乳類

爪
爪を使って、すばやく木登りをする。

擬態
昼間は丸くなってぶら下がり、大きな木の実に擬態して休む。

滑空
体の横にある膜を使って滑空する。指にも水かきのような膜があり、よう力（うきあがる力）をつくる。

生息地: インドシナ半島、マレー諸島の熱帯雨林

体長: 35cm 体重: 1.5kg

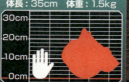

食べ物
木の葉や花

食べたら…
現地で食材になっている。

とくちょう
寿命や社会構造、繁殖など、くわしいことはわかっていない。子供をだっこしたまま母親は滑空できる。

東南アジアのジャングルに生息する、ムササビのように空を飛ぶ珍獣。飛行用の膜の位置は、ムササビなどと異なる。サルの仲間ではないが、霊長類やツパイの親せきにあたる。水平距離130m以上の滑空が可能。

魚を専門に狩るコウモリ！

ウオクイコウモリ

ほ乳類

別名 フィッシャーマン・バット　学名 *Noctilio leporinus*

| 凶暴度 | ■■□□ | 進化度 | ■■□□ | 不思議度 | ■■□□ |
| めずらしさ | ■■■□ | 変身度 | ■□□□ | | |

ここがすごい！ 魚を捕るための秘密兵器満載

聴力
口から発する超音波をレーダーがわりに耳でキャッチして、魚の出す水の振動を正確にとらえる。

毛
水をはじく特殊な毛を持っている。

爪
長い後ろ足には、釣り針のようなするどい爪があり、水面近くの魚を飛びながら釣り上げる。

あっとおどろく！秘密兵器をもつ生物

生息地：中南米の熱帯雨林・海や川など

体長：12cm

食べ物
8cm以下の魚、昆虫など

とくちょう 1日30匹の魚を食べるが、魚が捕れない場所では、昆虫なども食べる。8cm以上の魚は重くて捕獲できない。

中南米の川や海辺にいるコウモリ。超音波で魚を探し、後ろ足のするどい爪にひっかけ魚を捕獲する。捕まえた魚は、口の中のほお袋にしまって持ち運び、飛びながら食べたり、ねぐらで食べたりする。

カリフォルニアイモリ

猛毒のフグ毒をもつイモリ

は虫類 / 有毒生物

別名 カリフォルニア・ニュート　学名 *Taricha torosa*

- 凶暴度
- 進化度
- 不思議度
- めずらしさ
- 変身度

ここがすごい！ 背中から猛毒を分ぴつ

毒
背中のイボから猛毒のテトロドトキシンを分ぴつする。

警告
背中側は暗かっ色で自立たないが、お腹側は毒があることをアピールするオレンジ色の派手な警告色。

生息地：アメリカ合衆国 カリフォルニア州の森林

体長：15cm

食べ物：昆虫、カニ、貝類、ナメクジ

とくちょう：毒は卵や幼生にもあり、さらにオスはメスの3倍強い毒をもつ。

北米のカリフォルニアにいるイモリ。性格はおとなしいが、捕食者から身を守るために、イモリの中で最強の毒の種類の一つ（フグと同じ猛毒）を背中から分ぴつしている。もし食べれば死にいたる。

世界最恐の殺人クラゲ
キロネックス

刺胞動物

別名 オーストラリア・ウンバチクラゲ、シー・ワスプ（海のスズメバチ）　学名 *Chironex fleckeri*

| 凶暴度 | ■■■□ | 進化度 | ■□□□ | 不思議度 | ■■□□ |
| めずらしさ | ■■□□ | 変身度 | ■□□□ | ここがすごい！ 地球最強毒生物のひとつ |

視力
傘のまわりには24個の眼があり、視覚によって獲物を探し回る。

毒
触手は最大4.5mになり、15本あるので、これに触れると魚から人間まで死にいたる。

泳ぐ
泳ぎも得意で、秒速1.5mで進む。

あっとおどろく！秘密兵器をもつ生物

生息地：オーストラリア北西部の海

体長：傘高50cm、触手4.5m

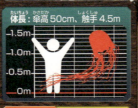

食べ物
魚、エビ

とくちょう
1955年に発見されたクラゲで謎が多い。天敵はウミガメで、毒が効かない。

オーストラリア北西部の海に生息するクラゲ。15本ある長い触手に触れると、神経毒、溶血毒、皮ふえ死毒がまわり、さまざまな生物を死にいたらせる。人がさされると、1〜10分で死にいたる。

ソレノドン

絶滅から再発見された毒を持つほ乳類

ほ乳類

学名 *Solenodon paradoxus*

有毒生物

凶暴度 ■■□□	進化度 ■□□□	不思議度 ■■□□
めずらしさ ■■■□	変身度 ■□□□	**ここがすごい!** 人間の持ち込んだ生物で絶滅寸前

ツメ
前脚の長い爪で、穴にいる昆虫などを引きずり出す。

毒
だ液に毒があり、エサのミミズなどを麻痺させる。下あごに毒腺がある。

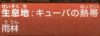
生息地：キューバの熱帯雨林

食べ物
昆虫、ミミズ、動物の死体

体長：30cm　**体重**：1kg

とくちょう
繁殖力が低く、人間が持ち込んだ犬、猫、マングースに食べられ絶滅したと考えられたが、1970年代に再発見。

キューバにいるモグラの仲間で、6500万年前から骨格がほとんど変わらない生きた化石。地表で暮らすが、昼間は土の中で寝ている夜行性動物。気性が荒く、ほ乳類ではめずらしく、だ液に毒がある。絶滅危惧種。

ウロコをもったほ乳類
センザンコウ

ほ乳類

別名 パンゴリン（マレー語で"丸まる"）　学名 *Manis pentadactyla*

凶暴度	■■	進化度	■■	不思議度	■■■
めずらしさ	■■■■	変身度	■■■		

ここがすごい！ 歯のないほ乳類で主食はアリ

ウロコ
ウロコは毛が変化したもの。縁が刃物のようにするどいので、尻尾などは反撃の武器として使われる。

あっとおどろく！秘密兵器をもつ生物

長い舌
前足にある大きな爪でアリ塚をこわし、ねん着力のある長い舌でアリをなめとって食べる。歯はない。

生息地：インド～東南アジアの森林

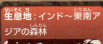

体長：60cm　体重：5kg

-1.5m
-1m
-0.5m
0m

食べ物
アリ、シロアリ

とくちょう
センザンコウの有鱗目は、肉食動物のグループの食肉目に近縁。性格は温和。漢方薬の原料として乱獲され激減。

アジアに生息する謎のほ乳類。体毛が変化しては虫類や魚のウロコのようなものにおおわれている。敵におそわれると、丸まって身を守る事ができる。前足の大きな爪でアリ塚を破かいし、長い舌でアリをなめとって食べる。

ほ乳類

なんとナマケモノの仲間

ムツオビアルマジロ

別名 ヨロイネズミ　学名 Euphractus sexcinctus

| 凶暴度 | ■ | 進化度 | ■■■ | 不思議度 | ■■ |
| めずらしさ | ■■ | 変身度 | ■■■ | | |

ここがすごい! 防衛専門のやさしい動物

 ウロコ
毛が変化したウロコ状の鱗甲板で全身がおおわれている。体を丸めて身を守るが、きれいなボール状になるのは、ミツオビアルマジロだけ。

 感覚毛
身体の縁に太めの感覚毛が多数生えて、通れるはばなどがわかる。

 爪
前足は長くするどい爪があり、穴掘りが得意である。

生息地：南米（ボリビア、ブラジルほか）の熱帯雨林から草原まで

体長：45cm　**体重**：5kg

食べ物
ミミズ、昆虫、植物

食べたら… 南米では食用のほか、マトラカという楽器の材料に。

とくちょう 睡眠時間が長い動物で、巣穴を掘って1日に18時間くらい寝ている。

アルマジロは、ナマケモノやアリクイの仲間で南米に生息している。毛が変化したウロコ状のかたい板（鱗甲板）で全身をおおわれ、敵におそわれると体を丸めて身を守る。そのウロコは、肉食動物の歯を通さない。

ヨツユビハリネズミ

針を持ったモグラ？

ほ乳類

別名 ヘッジホッグ　学名 *Zaglossus bruijnii*

凶暴度	■■	進化度	■	不思議度	■■
めずらしさ	■	変身度	■■		

ここがすごい！ カモノハシ、カンガルーに次ぐ生きた化石

会話
鳴かない動物だが、親子では人間に聞こえない音（40～90kHz）で会話している。

針
毛が変化した針。プラスティックのようなかたさである。

あっとおどろく！ 秘密兵器をもつ生物

泡つけ行動
知らないものをなめたりかんだりしてツバと混ぜ、針にぬる「泡つけ行動」は、外敵から身を守るためと考えられる。

生息地：アフリカ中部

体長：18cm　体重：350g

食べ物：ミミズ、昆虫、小動物

とくちょう
メスはオスを結婚相手に受け入れると背中の針をたおす。赤ちゃんは針がないので、出産で母親を傷つけない。

ネズミと名が付くが、ネズミの仲間（草食）ではなく、モグラの仲間（肉食）である。毛が変化した約7000本の針を背中に持ち、敵におそわれそうになると、丸まって針を立て食べられないようにする。

モヒカンのようなヒレをもつ幻の深海魚
ベンテンウオ

魚類

別名 ファンフィッシュ（扇子のような魚） 学名 *Pteraclis aesticola*

深海生物

| 凶暴度 | ■□□ | 進化度 | ■■□ | 不思議度 | ■■□ |
| めずらしさ | ■■■ | 変身度 | ■■■ | | |

ここがすごい！ ヒレの使い道が謎の深海魚

! 平たい
身体は押しつぶしたように平べったくうすい。泳ぐときヒレをたたむ。

ヒレ
口のすぐ上から背ビレがあり、尻ビレもあごの下からある。広げると自分の身体の長さより大きくなる。

生息地：北太平洋の温暖な深海

体長：50cm

食べ物
不明

とくちょう
ほとんど漁であがらず、マグロの胃の中からまれに見つかる。2000年以降、日本で水あげされたのは1例。

北太平洋の温暖な深海に生息するが、生きたものが捕獲されたことがないので、その生態は全くの謎である。たたまれているヒレを大きく広げて敵をいかくすると考えられている。このヒレは、泳ぐときにはたたむ。

ガラ・ルファ

人間のあかを食べる魚

魚類

別名 ドクターフィッシュ　学名 *Garra rufa*

凶暴度 ■	進化度 ■■	不思議度 ■■
めずらしさ ■	変身度 ■	

ここがすごい! 水質や温度の変化に強い淡水魚

吸盤
本来は藻などを食べる草食性。口を吸盤のようにしてエサを食べる。歯がないので傷つけない。

あっとおどろく! 秘密兵器をもつ生物

触覚
コイの仲間の特ちょうである口に触覚のヒゲがある。

生息地：中東の河川

体長：10cm

食べ物
藻、微生物、昆虫の幼虫

とくちょう
温泉の水質で生きることができる生物が少ないので、エサ不足から人間の皮ふあかなども食べている。

中東に生息するコイ科の淡水魚。高温に強く、温泉の中でも死なない。人間の足の古い角質などを食べることからドクターフィッシュ（医者のような魚）と呼ばれる。人間のあかを食べるのは、幼魚や若い個体のみ。

83

ムラサキダコ

マントをひるがえす海の幽霊！？

軟体動物

別名 ユウレイダコ、ブランケット・オクトパス（毛布ダコ）
学名 Tremoctopus violaceus

有毒生物

| 凶暴度 | ■■□□□ | 進化度 | ■■■□□ | 不思議度 | ■■■■□ |
| めずらしさ | ■■□□□ | 変身度 | ■■■□□ | | |

ここがすごい！ 大きな膜の役割が謎

毒
幼体のころは、猛毒のカツオノエボシをおそって食べて、その刺胞を取り込んで武器にする（盗胞）。

マント
毛布のような大きな膜は、最大3mまでのびる。ただし、厚さ2mmで切れやすく弱い。

生息地：太平洋、日本近海

体長：70cm（♀）

とくちょう
メスは70cmだが、オスは3cm位で膜もない。浮遊性なので波まかせで流され、膜をいろんな魚につつかれる。

食べ物
魚、エビ

日本近海にもいるタコ。岩場などに定着せずに、海面近くを浮遊している。メスは毛布のような大きな膜を広げて泳ぐ。水あげはめずらしくないが、その生態は謎が多い。オスはメスの10分の1しかなく普通のタコの形。

ウロコフネタマガイ

金属のウロコをもつ唯一の生物！

軟体動物 深海生物

別名 スケーリーフット　学名 *Crysomallon squamiferum*

凶暴度 ■	進化度 ■■■	不思議度 ■■■■
めずらしさ ■■■■	変身度 ■■	

ここがすごい！ 鉄でできている深海の謎の巻き貝

❗ エネルギー
酸素が少ない深海で、消化管に特殊な細菌が共生してエネルギーを得ている。

🛡 鉄のウロコ
数ミリのはばの硫化鉄でできた暗色メタリックのウロコで身を守っている。

あっとおどろく！　秘密兵器をもつ生物

生息地：インド洋モーリシャスの深海

食べ物
不明

体長：直径4cm

とくちょう
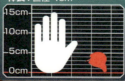
2001年にマダガスカル島東部のインド洋で発見。深海から採集し飼育するとさびる。飼育も難しい。

インド洋の2500m級の深海に生息する巻き貝。普通の巻き貝にあるフタの部分がないので、貝殻に身をかくすことができず、鉄のウロコで身を守っている。このウロコは、磁気をおびて磁石にもなっている。

巨大なトゲのうでで獲物を狩る
ウデムシ

節足動物

別名 カニムシモドキ　学名 *Discoplax hirtipes*

凶暴度 ■■□□□	進化度 ■□□□□	不思議度 ■■■□□
めずらしさ ■■■□□	変身度 ■□□□□	**ここがすごい！** 世界三大奇虫のひとつ

触覚
第１肢は極端に細長くて歩くのには使われず、昆虫の触覚のような感覚器の役割になっている。

あご
鋏角と呼ばれる大あごも強力で獲物をかみくだく。

爪
身体は平たく、脚の爪も強力なので、かべや天井もはい回れる。

生息地：世界中の熱帯の湿度の高い場所

体長：全長は5cmだが、脚の長さを入れると25cm

食べ物
昆虫

とくちょう
節足動物の中では社会的な行動をとる。母は子を背中に乗せて、大きくなるまで育てる愛情深い虫。

日本にはいない、クモに近い、不気味な姿をした虫。糸は出さず、トゲのある強力な"うで"で、獲物をはさみこんで狩る。サソリモドキ、ヒヨケムシと並んで世界三大奇虫の一つにあげる人も多い。

クマムシ

謎が多い不死身の最強生物

微生物

別名 ウォーター・ベア　学名 *Hypsibius dujardini*

- 凶暴度 ■
- 進化度 ■
- 不思議度 ■■■■
- めずらしさ ■
- 変身度 ■

ここがすごい！ 宇宙空間でも生きられる

あっとおどろく！秘密兵器をもつ生物

防衛
表面は、昆虫やエビ・カニと同じかたいクチクラでできていて、脱皮をする。

爪
脚先には4〜10本の爪がある。

極限にたえる
体重の全水分が3％まで減っても死なない。−273℃〜150℃までたえられる。真空状態から75000気圧までたえる。ヒトの致死量の1000倍の放射線でも死なない。

生息地：熱帯、極地、深海、高山、温泉

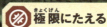

体長：0.1〜1mm

食べ物
動植物の体液？

とくちょう
周囲が乾燥すると、身体を縮めて"たる"のような形になって、代謝をほぼ止める乾眠にはいる。

ムシと名前がつくが、昆虫とは関係ない1mmに満たない微生物。4対の脚があり、ゆっくりと歩く。姿がクマに似ていることからその名がついた。乾燥地帯や宇宙空間など、あらゆる極限環境でも死なない。

ブキミ生物ランキング

不思議な生き物たちで、勝手にランキングを付けてみました！
ちょっぴり新しい見方を楽しんでみよう！

キモかわいいランキング

順位	名前	参照
1	アホロテトカゲ	P177参照
2	ジュウモンジダコ	P140参照
3	マタマタ	P149参照
4	ウーパールーパー	P109参照
5	ニュウドウカジカ	P94参照

本来は、気持ち悪いといわれそうだが、ビミョウな顔がキモかわいいと評判の人気の生物たち。1 ほほえんでいるようなトカゲ。2 子ゾウのようなタコ。3 笑い顔のようなカメ。4 やさしそうな顔のサンショウウオ。5 中年おじさんのような顔の魚。

どこか愛らしい顔だちのアホロテトカゲ。

ダンボオクトパスやメンダコとも呼ばれる海のアイドル。

写真：Stan Shebs

マタマタの口元は、いつでもにっこりほほえんでいる。

イメチェン生物ランキング

👑1 コリーカンムリサンジャク

👑2 テントウゴキブリ

👑3 ヒゲワシ

👑4 ルリセンチコガネ

👑5 オニイソメ　　P32参照

人間にはきらわれる生物が、イメチェン（？）した生物をご紹介。👑1クジャクのような羽を持ったカラス。👑2テントウムシのような姿のゴキブリ。👑3ハゲていないハゲワシ。👑4宝石のように青く輝くフンコロガシ。👑5七色に輝くゴカイの仲間。

写真：Jenny

👑1
カラスとは思えない美しい姿のコリーカンムリサンジャク。

5
魚釣りのエサになるゴカイの仲間でありながら、7色に輝き、魚を呼び寄せ捕獲する。

4
フンコロガシの仲間のルリセンチコガネは、見る角度によって輝きが変わる美しい姿にイメチェン。

写真：gbohne

絶叫生物ランキング

1 ゴライアスガエル
2 バナナナメクジ　P97参照
3 ネペンテス・アッテンボロギ
4 ヤツメウナギ　P36参照
5 キロネックス　P77参照

突然出会ったら思わず悲鳴を上げてしまいそうな生物たち、名づけて絶叫生物のランキングを紹介。1 世界最大のカエル。2 世界最大のナメクジ。3 ネズミもエサにする食虫植物。4 人にも吸い付く吸血魚。5 最強毒をもつクラゲ。

▲ネズミも食べる植物ネペンテス・アッテンボロギ。

◀大きすぎて現地では食用にされているゴライアスガエル。

鼻がヘンだぞランキング

👑1 ホシバナモグラ P47参照
👑2 サイガ P45参照
👑3 テングザル P42参照
4 ハネジネズミ P166参照
5 ハナヒゲウツボ

鼻が変な形の生物たちは、鼻においをかぐ以外の使い道がある。👑モグラではめずらしく指先の役割をする鼻。2レイヨウの仲間で、寒い空気を暖める鼻。3メスにモテる飾りの鼻。4あらゆる方向に向けられる鼻。5ウツボの仲間でセンサーの役割をする触覚。

ハナヒゲウツボは性転かんするという特ちょうもある。

ふれた獲物を一瞬で判断して、すばやく食べる。

首が長すぎランキング

👑1 ゲレヌク
👑2 キリンオトシブミ P54参照
👑3 ヘビクビガメ
4 クビナガカイツブリ
5 マーラ

ほかの仲間より首だけが長い動物たち。奇妙な姿だが、どこか優雅で美しくもある。👑アフリカにいるレイヨウの仲間。2首の長い昆虫。3ヘビのような首を持つカメ。4求愛のときに首をのばして水面を走る鳥。5首が長くなったネズミの仲間。

(上) 後ろ脚で立って、長い首をつかい葉っぱを食べるゲレヌク。
(下) ネズミの仲間にしては妙に首が長い。

写真：GNU-Lizenz

著者新宅広二が選ぶ
究極のブキミ生物ランキング

1. コンドロクラディア・リラ　P178参照
ぱっと見、何の仲間か全く想像がつかない（動物かどうかもわからない）深海生物。原始的な海綿動物で唯一肉食。

2. ゴライアスタイガーフィッシュ　P20参照
サメやピラニアほど日本では知られていないが、殺人魚で超怪物顔のモンスターフィッシュ。

3. ウデムシ　P86参照
クモ、サソリ、タガメという強い昆虫を混ぜたような原始的な奇虫。フォルムがキモかっこいい？

4. フクロウオウム　P181参照
世界で唯一の夜行性のオウム。顔はカワイイが羽が退化して飛べないので、夜中に森をはいかいして不気味。

5. ヒヨケザル　P74参照
何の仲間か長らく不明で、世界の動物園でもほとんど見ることができない。擬態して木の実に変身して休む姿も不気味。

生き物の分類はどうやって決めているの？

『この生物は○○の仲間』とよく言いますが、何をもって同じかちがうかを決めているのでしょうか？　例えば、ほ乳類なら骨の形、数、大きさ、内臓のつくりなどを比かくする方法と、DNAなどを細かく分析して比較する2種類の方法があります。しかし、それぞれの方法は必ずしも一致せず、議論になり、時代によって考え方が変わることがよくあります。見る視点を変えたら、一見遠い仲間が、実はとても近い仲間だったということが、あるかもしれません。

4章
えつらん注意！
キモい生物

ニュウドウカジカ

つかれたオヤジの人面魚

魚類 / 深海生物

別名 ブロブフィッシュ　学名 Psychrolutes phrictus

凶暴度	■	進化度	■	不思議度	■■
めずらしさ	■■	変身度	■		

ここがすごい！ からだがゼラチン質でできている

➡ 省エネ
筋肉が少なく、ほとんどゼラチン状の物質でできている。水の比重に近く、動くのにエネルギーを使わなくてすむ。

❗ 謎の突起
鼻に見えるつき出した部分は鼻ではない。何のための器官か不明。

👄 吸い込む
大きな口で、目の前にきた獲物を吸い込むように食べる。くちびるには小さなトゲがある。

生息地：太平洋の深海

食べ物：カニ、エビ、魚

体長：70cm

とくちょう　水あげされた姿
はぶさいくだが、深海ではオタマジャクシのようでカワイイ。

太平洋の2800mの深海に生息する魚。人間の坊主頭にみえるので、"入道"の名がついた。筋肉が少ないため、あまり動き回らずエネルギーを節約。また、ゼラチン質なので、海底から地上に出すと重力で形がつぶれる。

The World of Weird Creatures

水中で泳いでいる様子。それほどたるんだ顔をしていない。

陸に上げられると、ゼラチン質のため、ぶさいくな顔になってしまう。

えつらん注意！ キモい生物

ウミグモ

海にいる不気味なクモ？

節足動物

別名 シー・スパイダー　学名 *Ascorhynchus japonicus*

凶暴度 ■	進化度 ■	不思議度 ■■
めずらしさ ■■	変身度 ■	ここがすごい!! 海ではクモの巣は張らない

吸う
頭部には長い口の部分があり、貝やイソギンチャクの体液を吸う。

脚
脚は4対あるが、動きはおそい。

からだ
からだは頭部、胸部、腹部の3つに分かれる。

生息地：世界各地の海

食べ物
イソギンチャク、クラゲ、貝などの体液

体長：5mm～1cmくらいのものの種類が多い

とくちょう　貝に寄生する
5mmくらいのものから、深海の90cmまで1000種類が知られているが、未知のものが多い。

ウミグモは、クモの仲間ではなく、海の節足動物のひとつ。虫のクモと同じような形に進化した。北極、南極をふくめた世界中の海に生息している。頭と胴体が小さいので、脚だけの生きものに見える。

バナナナメクジ

バナナのような巨大ナメクジ！

軟体動物

別名 バナナスラッグ　　学名 *Ariolimax dolichophallus*

- 凶暴度 ■
- 進化度 ■■
- 不思議度 ■■
- めずらしさ ■■
- 変身度 ■

ここがすごい！ 不気味なヌルヌルは生きるために重要

歯
口には歯舌と呼ばれる小さい歯がたくさんあり、葉っぱをそぎ落として食べる。

嗅覚
粘膜は乾燥を防ぐだけでなく、においの分子が着きやすくし、全身が"鼻"のような役目をして、酸素やにおいを取り込む。

貝殻のあと
ナメクジはカタツムリが進化したものなので、背中には退化した貝殻のあとがある。

えつらん注意！キモい生物

生息地：北アメリカ北西部の森林

食べ物
かれ葉、動植物の死骸

体長：25cm　体重：150g

とくちょう
ヨーロッパナメクジも同じくらい大きいが、重さでこちらの方が上回る。豊かな森を作る大切な役割をになう。

北米の森林に生息する世界最大級のナメクジ。色も大きさもバナナに似ている。しかし、バナナの木のある場所に生息しているわけではないので、バナナの擬態ではない。ナメクジはかれ葉や動物のフンなどを食べて土に変える。

母の背中を破って子どもが飛び出す!

ピパピパ

両生類

別名 コモリガエル（子守蛙）　学名 *Pipa pipa*

| 凶暴度 | ■□□□□ | 進化度 | ■■■□□ | 不思議度 | ■■■■■ |
| めずらしさ | ■■■□□ | 変身度 | ■■■■□ | | |

ここがすごい! アマゾンが生んだ奇跡の奇カエル

センサー
前脚の指の先には、センサーがあり食べ物に触れると口にかき込む。

産卵
メスは産卵前に背中の皮ふがスポンジのようになり、卵がうめ込まれる。

泳ぐ
平たい身体と大きな水かきのある後ろ脚で、水中を高速で泳げる。

生息地：南米アマゾン川

体長：15cm

食べ物
ミミズ、水生昆虫、小魚

とくちょう
背中に100個ちかくうめ込まれた卵は、オタマジャクシから、カエルになると、いっせいに背中から出る。

南米アマゾン川に生息するカエル。一生水の中でくらす。メスが背中で卵を育てるため、敵から逃げることができる。やがて子ガエルが背中を破って飛び出す。あらゆる生きものからねらわれるカエルの、卵を守る究極の戦術。

えつらん注意！ キモい生物

水の中を動きやすい平べったい身体をしている。産卵の様子は衝撃的。

インドハナガエル

謎多きジュラ紀の古代ガエル！

両生類

別名 ムラサキガエル　学名 *Nasikabatrachus sahyadrensis*

凶暴度	■■
進化度	■
不思議度	■■■■
めずらしさ	■■■■
変身度	■■

ここがすごい！ 新種のカエルは地下暮らし

掘り進む
身体は丸く、地中で穴を掘り進めやすくなっている。

吸盤の口
オタマジャクシのころの口は吸盤になっており、渓流で岩にはり付くことができる。

とがった鼻
カエルのとがった鼻は、土を掘りやすく、エサのアリの巣のかべをつきこわすため。

生息地：インド・西ガーツ山脈の地下3m

体長：7cm

食べ物
シロアリ、アリ

食べたら…現地で薬になっている。

2003年にインドの山中で発見された、1億年以上前と同じ姿のカエル。土中で暮らしやすい丸い姿。これまで人間に発見されなかったのは、普段は深さ3m以上の地下でくらし、雨期の2週間のみ繁殖で地上に出てくる生態のため。

ハダカデバネズミ

ほ乳類なのにミツバチと同じ社会！

にゅうるい ほ乳類

別名 ネイキット・モーラ・ラット　学名 *Heterocephalus glaber*

- 凶暴度 ■■
- 進化度 ■■■■■
- 不思議度 ■■■■
- めずらしさ ■■■
- 変身度 ■■

ここがすごい！ 群れ全体で一つの生物のようになっている

歯
土を掘りやすい門歯（前歯）で、口の中に土が入り込まないようなくちびるをしている。

繁殖させない
女王は、繁殖させない成分がふくまれる自分の尿を、他のメスにかける。

毛がない
地下の巣とトンネルは、地上よりも温度変化が少ないので毛がなくても問題ない。

えつらん注意！キモい生物

生息地：アフリカ東部のサバンナの地中

体長：8cm　体重：50g

食べ物
植物の根

とくちょう
子作りできるのは女王のペアのみで、あとは子が作れずに、奴隷のように巣の管理を分業して一生を終える。

アフリカ東部のサバンナに生息するネズミの仲間。全身に毛がなく、地下でくらす。ほ乳類では唯一、ミツバチと同じ社会的な生物で、女王とワーカーがいる。最大300頭の群れになるが、女王は大きくて自分では歩けない。

ホライモリ

暗い洞くつにすむ謎のイモリ

両生類

別名 オルム　学名 *Proteus anguinus*

凶暴度	■■□□□
進化度	■■■■□
不思議度	■■■□□
めずらしさ	■■■■□
変身度	■■■■□

ここがすごい！ 寿命は100年以上？

色
全身が白色。光りのあるところで飼育すると青灰色になる。

触覚
手足と胴体が細長くなり、暗やみで触覚の役割もする。

視覚
眼は退化。ただし幼生のころは眼があるが、成長するとなくなる。

生息地：イタリアなど地中海沿岸の洞窟

体長：30cm

食べ物
エビ、カニ、昆虫

とくちょう
カエルの仲間で、幼生（オタマジャクシ）のころは、エラ呼吸だが、成体で肺呼吸になる。成体でもエラが残る。

ヨーロッパの地中海沿いの洞くつにくらすイモリ。竜の赤ちゃんのような姿をしている。洞穴生物の特ちょうである、体色が白、眼の退化、手足が細長くなる特ちょうがホライモリにもみられ、暗い洞くつでくらせるように進化している。

アシナシトカゲ

は虫類

ヘビのような足のないトカゲ！

別名 ヨーロッパヘビトカゲ、バルカンヘビガタトカゲ　学名 Ophisaurus apodus

凶暴度	■■	進化度	■■■	不思議度	■■■
めずらしさ	■■■	変身度	■■		

ここがすごい！ 尻尾を切って逃げることができる

尻尾
敵におそわれると、尻尾を自分で切ることができる。

まぶた
ヘビにはないまぶたがあるので、まばたきや眼をつぶる。

耳
ヘビには耳がないが、トカゲには耳の穴がある。

えつらん注意！ キモい生物

生息地：東ヨーロッパ〜西アジアの乾燥地帯

体長：120cm

食べ物
昆虫、カタツムリ、ミミズ、カエル

とくちょう
足の有無がヘビとトカゲのちがいではない。ちがいはまぶたや耳、尻尾の自切。後ろ足が爪のように残る。

東ヨーロッパから西アジアの乾燥地帯に生息するトカゲ。4本の足がなく、まるでヘビのような姿をしているが、トカゲの仲間。一般的にはトカゲが進化したものがヘビである。その過程をイメージさせるめずらしいトカゲ。

死肉をあさる深海モンスター
センジュナマコ

棘皮動物

別名 シービッグ（海の豚）　学名 Scotoplanes globosa

深海生物

凶暴度	■
めずらしさ	■■■
進化度	■
変身度	
不思議度	■■■

ここがすごい！ 12本の脚で歩き回る

触手

口の周りにある触手が約10本あり泥の中のエサをさがす。

⚠ 謎のアンテナ
脚と同じつくりの長いアンテナがあるが、何に使うのかわかっていない。

→ 脚
10〜14本のチューブのような脚をふくらませて海底を歩く。

生息地：日本海溝、マリアナ海溝の6500m級の深海

食べ物
クジラの死体など

体長：15cm

とくちょう
ある深海には、センジュナマコが大量にいる。底引き網漁でも大量にとれることがある。

6500m級の深海に生息するナマコ。12本の脚と10本の触手を持つ生物。ナマコには、クジラなどが死んでしずんだものをそうじする、生態系の大切な役割がある。それゆえに、ナマコには甲殻類や寄生虫がたくさんついている。

世界最大のヤスデ
アフリカオオヤスデ

節足動物

別名 アフリカン・ジャイアント・ミルミード　学名 *spirosteptus gigas*

有毒生物

凶暴度	■		進化度	■
めずらしさ	■■		変身度	■

不思議度 ■■■

ここがすごい! 悪臭（青酸ガス）をはなつ / 温和な虫

くさい
脚や節の間に、毒（青酸ガス）を分ぴつしたりためているので、強れつなにおいがして、食べると危険。

！温和
ヤスデは毒牙も毒針ももたない。

えつらん注意！ キモい生物

➡ 移動
脚がたくさんあるが、移動するスピードはおそい。

生息地：アフリカ南西部の熱帯雨林

体長：30cm

食べ物
落葉、キノコ、死体

てんてき
ミーアキャットは、このヤスデが大好物だが、食べても毒がきかないからだのつくりになっている。

南西アフリカの熱帯雨林に生息するヤスデ。最大の種類で毒（青酸）を持っているが、食べなければ毒針も毒牙もないので人間には無害。多足で不気味な印象だが、腐葉土などを食べて土をつくる大切な役割の生物。

こちらを見つめる目玉模様
モルフォチョウ

昆虫

学名 *Morpho helenor peleides*

擬態生物

| 凶暴度 | ■ | 進化度 | ■■■ | 不思議度 | ■■ |
| めずらしさ | ■■■ | 変身度 | ■■ | ここがすごい！ 表と裏で羽の色が全く異なる | | |

❗ 光の反射
羽の表側は金属的な青色で、色素の色ではなく光の反射を利用して色を出している。

🛡 擬態
羽の裏は地味な茶色に目玉模様がある。フクロウの目玉をまねて、天敵の小鳥をおどろかすためにある。

☠ 毒
幼虫はマメ科の植物の葉を食べて育つ。成虫になると毒をもつ。

生息地：南米アマゾン川

体長：最大20cm

食べ物
幼虫はマメ科植物、成虫は熟れた果実、動物の死骸、キノコ

とくちょう
青い銀紙をふり回すと、それをオスの羽と思い込んで、オスを追いはらうために近づく習性で捕まえられる。

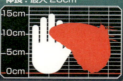

南米アマゾンに生息するチョウ。"生きた宝石"と呼ばれるタテハチョウ科の大型のチョウで、80種類ほどいる。世界で最も美しいといわれることも。ただし、羽の裏に目玉模様があり、こちらをぎろりとにらみつける。

クワガタのような古代トンボ!?
オオアゴヘビトンボ

昆虫

別名 日本のヘビトンボは、孫太郎虫、ざざむし　学名 Corydalis cornutus

凶暴度 ■■	進化度 ■	不思議度 ■
めずらしさ ■■	変身度 ■■	

ここがすごい! あごが武器の最強の水生昆虫

羽
羽のかたちは、トンボよりはカゲロウに近く、腹部にそってたたむ。

ヘビ似
普通のヘビトンボの頭はヘビそっくり。

写真：OpenCage

えつらん注意! キモい生物

あご
水生の幼虫も成虫も、発達した大きくて強力なあごをもっている。

写真：Dehaan

生息地：東アジアの清流

体長：4cm

食べ物
昆虫
食べたら…長野県などで佃煮にして食べられる。珍味。

とくちょう
気性が荒いので、サナギのときも、近くに同じサナギがいると、仲間同士で大きなあごでかみ合って殺し合いをする。

東アジアに生息する水生昆虫。トンボの仲間ではない。幼虫はムカデのような姿で、成虫になるとクワガタのような顔になる。気性の荒い肉食昆虫で、あごの力が強いのでヘビに例えられた。幼虫は清流の上流付近でしか生きられない。

ブームになった

珍獣たち

ここでは、テレビのCMなどで、コミカルな動きや可愛らしさが人気となり、いちやくブームとなった動物たちを紹介します。

珍獣ポイント1 エリマキでいかく
おどろくと首のまわりの皮ふを広げ、口も大きく開ける。求愛やオス同士の争いに使う。

コミカルに走る不思議なトカゲ
エリマキトカゲ

オーストラリア北部に生息する体長70cmのトカゲの仲間。おどろくと首のまわりの大きな皮ふを広げ、それでも敵が引かなければ、後ろ足で走る。昭和の時代の車のCMで、荒野を猛ダッシュする姿で大ブームになった。

珍獣ポイント2 後ろ足で走る
普段は木の上で生活するが、危険な地上では、後ろ足で立った姿勢で、長距離を走る。

エリマキがとじた状態。

学名／*Chlamydosaurus kingii*

いつもニコニコ顔のサンショウウオ
ウーパールーパー

メキシコに生息する両生類のサンショウウオの仲間。正式な名前は、メキシコサラマンダー。体長20cmで大人になっても水の中で生活し、おとなしい性格。現在は、野生では絶滅寸前種に！昭和の時代のカップ麺のCMでカワイイと大ブームになった。

珍獣ポイント 1　エラがある
両生類は幼生（オタマジャクシ）から成体になるとき肺呼吸になるが、大人でもエラが残る。

珍獣ポイント 2　白い色
ペットでは色素のないアルビノ（白化）が有名だが、野生ではオタマジャクシのような灰色。

学名／Ambystoma mexicanum

動物界のトップアイドル！
ジャイアントパンダ

中国の4000m級の高山からやってきた、白黒姿の人気者。本当の面白さは、その姿ではなく、肉食動物なのに、草食（竹）に進化したところ。分類も難しくいまだに謎が多い。戦後、日本と中国の国交回復を祝って、それまで国外に出ることのなかったパンダが中国から寄贈され大ブームになった。

珍獣ポイント 1　指の数
竹をつかむため、手首の骨が親指のようにのび、指が6本あるように見える。

珍獣ポイント 2　白黒の意味
雪の寒さで凍傷になりやすい部分が、熱を吸収しやすいよう黒くなった。

学名／Ailuropoda melanoleuca

スキップする美しいサル！
ベローシファカ

アフリカ・マダガスカル島に生息する原猿類。木から木へ10mジャンプして移動する。地上では、スキップするようにして走る。現地では神の使いと信じられているが、生息地が激減。昭和の時代の家電のCMでスキップする姿で話題になった。

珍獣ポイント1　走り方
手足の長さが大きくちがうので、手をつかず、足で立った姿で横っ飛びをして地面を走る。

珍獣ポイント2　トゲに強い
手足の皮が厚いため、サボテンのようなトゲのある植物に飛びうつってもささらない。

学名／*Propithecus verreauxi*

モコモコのぬいぐるみ動物！アルパカ

学名／*Vicugna pacos*

南米に生息する家畜の一種で、ラマやラクダに近い仲間。上質の毛をとるために飼育される。胃袋を4つ持ち、ウシのように反すうできる。それを吹きかけて武器にすることも。平成の時代の化学メーカーのCMでキャラクターとして登場し、カワイイ姿が話題になった。

珍獣ポイント1　運動能力
足は速く、足場の悪い岩場などの場所でも時速40kmで走れる。

珍獣ポイント2　武器
カワイイ顔だが、気性が荒く、ライバルやきらいな人にツバを飛ばす。特殊なツバで2,3日ニオイが消えない。

5章 うっとり見とれる！光る、透ける生物

ガラス細工のように美しいカエル

ミダスアマガエルモドキ

両生類

別名 ガラスガエル　学名 *Cochranella midas*

| 凶暴度 | ■■ | 進化度 | ■■■ | 不思議度 | ■■■ |
| めずらしさ | ■■ | 変身度 | ■■■ | | |

ここがすごい! 皮ふが透明で内臓がまる見え

透明
体長は25mmと、超小型で透明な体をしたカエル。水辺の葉の上にいる。

子育て
葉の上にメスが産んだ卵は、オスがオタマジャクシになるまで守る。卵に自分のオシッコをかけて湿度を保つ。

生息地：南米アマゾン川周辺

体長：25mm

食べ物
昆虫

とくちょう
オス同士はなわばり争いでケンカ。葉から相手を落とそうと格闘して、メスが産卵しそうな良い場所を死守。

南米アマゾン川周辺に生息する小さなカエル。背中側は薄緑の透明で、お腹側は完全に透明になっている。内臓が丸見えになって、心臓の鼓動も見える。透明なので、すぐに周囲色にとけこんで、外敵からかくれることができる。

The World of Weird Creatures

吸盤
指先には大きな吸盤があり、風雨でも葉から落ちない。

うっとり見とれる！ 光る、透ける生物

体が透明なため、中の内臓は丸見え。大きな吸盤のある脚で、葉の上にしっかりくっつく。

クリオネ

天使なのか、悪魔なのか！？

軟体動物

別名 ハダカカメガイ　学名 *Clione limacina*

凶暴度 ■■□	進化度 ■■■	不思議度 ■■■
めずらしさ ■■□	変身度 ■■■	

ここがすごい！① 食べ方は悪魔のように恐ろしい肉食巻き貝

翼足
頭部と腹部に分かれて、腹部には翼のように羽ばたける翼足がある。

！ 飢餓に強い
飢餓に強く、1年程度はエサを食べなくても生きていられる。

バッカルコーン
小さいころは植物食だが、成長すると肉食になり頭から6本のバッカルコーンという触手で他の種類のクリオネを食べる。

生息地：北極海、南極海および流氷があるような冷たい海

体長：3cm

食べ物：他の種類のクリオネ

とくちょう
北海道沿岸にもクリオネの仲間は生息。"天使"に例えられるが、他のクリオネをおそう姿は恐ろしい。

北極、南極など寒い海に生息する巻き貝。成長すると貝殻が完全になくなり、身体を軽くして、自由に泳ぎ回れるように進化した。流氷の天使、氷の妖精などと呼ばれるかわいらしい姿をしていて、とても人気がある。

ツマジロスカシマダラ

ガラスのように透明の羽をもつチョウ

昆虫 / 有毒生物

別名 グラスウイング・バタフライ、トンボマダラ
学名 Grea oto

凶暴度	■
進化度	■■■
不思議度	■■
めずらしさ	■■■
変身度	■■

ここがすごい！ 美しい透明の毒チョウ

前脚
タテハチョウの仲間はチョウの中で最も進化しており、前脚が退化して小さくなり4本にみえる。

うっとり見とれる！ 光る、透ける生物

透明
羽には鱗粉がなく透明。

飛ぶ
飛行能力が高く、体重の40倍の重さを持ち上げることができ、時速12kmで飛べる。

生息地：北米（フロリダ）〜中南米

体長：翼幅6cm

食べ物
花の蜜、幼虫はナス科植物の葉

とくちょう
幼虫時代に植物から有毒物質を取り込んで、体内にためているので、鳥などの捕食者は食べてもはき出す。

中南米に生息するチョウ。スカシマダラチョウの仲間で、大きさはモンシロチョウくらい。この仲間は羽に鱗粉がなく、透明にすけている。大きな羽をすけさせて、背景にとけ込むことで、天敵に目立たないように進化。

115

デメニギス

頭だけが透明の幻の深海魚!

魚類

深海生物

別名 バーレル・アイ（樽の眼） 出目似鱚　学名 *Macropinna microstoma*

凶暴度 ■□□□□	進化度 ■■□□□	不思議度 ■■■□□
めずらしさ ■■■□□	変身度 ■■□□□	**ここがすごい!** スケルトンは視界を広くするため

◎ 視覚
筒状の目玉は管状眼と言われ、深海のやみを見通すことができる。普段は回転して真上を向いている。

◎ 嗅覚
顔の前にある目玉のような部分は、鼻（嗅覚器）。

⇒ 漂う
あまり速く泳ぐことはできない。ほとんどただよっている。

生息地: 太平洋の亜寒帯の800mまでの深海

体長: 15cm

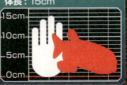

食べ物: クラゲ、小魚

とくちょう
1939年に発見され、2004年に泳ぐ姿を確認。それまで、透明の頭部は水あげするとこわれて謎だった。

太平洋の寒い海に生息する深海魚。生きている姿がほとんど確認されたことがない。筒状の望遠鏡のような眼を持っていて、前方以外に真上も見ることができる。深海で、視界を広げるために、頭全体が透明になっている。

クシクラゲ（カブトクラゲ）

ネオンのように美しく光るクラゲ

有櫛動物 別名 ミカド・ジェリーフィッシュ　学名 *Ctenophora*　深海生物

| 凶暴度 | ■ | 進化度 | ■■ | 不思議度 | ■■■ |
| めずらしさ | ■■ | 変身度 | ■■ | | |

ここがすごい！ 光は発光ではなく反射

虹色に反射
小さな毛が帯状にくしのように並んでいて、動かして泳ぐときに光を反射して、虹色にみえる。

うっとり見とれる！光る、透ける生物

浮遊
流れに浮遊しているだけなので、泳ぎがうまいわけではない。

生息地：熱帯全域

体長：10cm

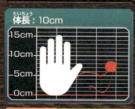

食べ物
小魚、プランクトン

とくちょう 光る理由は天敵の目をくらますためと考えられているが、光がとどかない海域では意味が無く、謎が多い。

クシクラゲの仲間は150種類いて、日本近海にも生息する。クラゲと名がついているが、クラゲの仲間とは別のグループ。自ら発光しているのではなく、光が反射し光るように見える。からだは弱いつくりで、網ですくうとすぐこわれる。

発光で小魚を呼び寄せて食べる

チョウチンアンコウ

魚類

別名 フットボール・フィッシュ　学名 *Himantolophus groenlandicus*

深海生物

凶暴度　進化度　不思議度
めずらしさ　変身度

ここがすごい！ オスを自分の身体の一部にしてしまうメス

疑似餌
発光器でおびき寄せた小魚を、大きな口でしゅーんで吸い込んで食べる。

発光
発光生物の多くは、共生バクテリアが発光物質をつくりだすが、チョウチンアンコウは、自分で作り出せる。

寄生
メスの体長は50cmであるのに対して、オスは4cm。別の生物のような姿をしてメスに寄生する。

生息地：大西洋ほか世界の800m級の深海

体長：メスは50cm、オスは4cm

食べ物　魚
食べたら…食べられる。

とくちょう
オスがメスの身体にかみつくと合体。オスの脳や心臓はなくなり、メスが産卵したいときに精子を出すだけになる。

広く世界中に分布する深海魚。ちょうちんのような発光器が顔の上にあり、エサをおびき寄せる。オスはメスの10分の1以下の大きさで、メスのからだに取り込まれて合体してしまう。出会いの少ない深海で進化した究極の交尾。

The World of Weird Creatures

うっとり見とれる！ 光る、透ける生物

発光器で獲物をよびよせて食べる、アンコウ。

チョウチンアンコウの仲間のオニアンコウ。発光器が上下に2つある。

ニジイロクワガタ

世界一美しい7色にかがやくクワガタ！

昆虫

別名 レインボウ・ビートル　学名 Phalacrognathus muelleri

| 凶暴度 | ■■ | 進化度 | ■■ | 不思議度 | ■■ |
| めずらしさ | ■■■ | 変身度 | ■■ | | |

ここがすごい！ かがやく理由は、鳥に対して？

角
オス同士のケンカは、あごではさむよりはカブトムシのようにすくい上げてたおす。

七色
羽（前翅）だけでなく、脚や腹も七色にかがやく。

生息地: オセアニア（ニューギニア南部、オーストラリア東部）の森林

食べ物: 樹液、熟れた果実

体長: 6cm

とくちょう　オーストラリアで19世紀末に最初に発見。ニューギニア島でも発見されたが、絶滅の可能性が高い。

オセアニアに生息。七色にかがやくので、世界一美しいクワガタとして有名。光る理由は謎だが、天敵である鳥は金属の光沢をいやがる習性があるので、防衛に効果があると思われる。体型はクワガタよりは、カブトムシに近い。

ニジボア

7色にかがやくヘビ！

は虫類

別名 レインボー・ボア　学名 *Epicrates cenchria*

凶暴度 ■■	進化度 ■	不思議度 ■■
めずらしさ ■■	変身度 ■■■	

ここがすごい!! 湿度の高いジャングルでは周囲にとけ込む

しめつけ
毒はないので、ネズミなどの小動物をしめ殺して食べる。

目
ヘビには一般的にまぶたがなく、目の上にもコンタクトレンズのような透明なウロコが1枚ある。

うっとり見とれる！光る、透ける生物

出産
は虫類ではめずらしく、卵胎生なので、卵ではなく8〜30頭の赤ちゃんを出産。

生息地: 南米アマゾン流域

食べ物: 小鳥、小型ほ乳類

体長: 2m

とくちょう
温和なためペット化もすすんでおり、カラーバリエーションも多い。

南米アマゾンに生息するヘビ。その名の通り、体表面が見る角度によって七色に変化する、神秘的なヘビ。性格は温和で毒はない。なぜ七色にかがやくかは謎。七色にかがやくヘビは他にもいるが、ニジボアは特にかがやきが美しい。

集団で光る生物

自然界の中に現れる、幻想的な光のイルミネーション。
その光を作り出す生物たちの正体とは？

洞窟の中できらめく"天の川"
ヒカリキノコバエ
学名 *Arachnocampa Luminosa*

オーストラリアやニュージーランドに生息するハエの仲間で、グローワームとも呼ばれている。ヒカリキノコバエの幼虫が、洞窟の天井から発光するネバネバした糸をたらし、その光におびき寄せられる虫を捕まえる。この洞窟はまるで"天の川"のように光り輝く。

アリ塚

写真：Ary Nascimento Bassous

草原に現れる"クリスマスツリー"
ヒカリコメツキ ✨
学名／*Pyrophorus noctilucus*

南米の草原（セラード）に生息する昆虫・コメツキムシの仲間。大きなシロアリの塚のかべに巣を作っている幼虫は、胸の部分が光り、結婚飛行に出るオスのシロアリを光でおびき寄せて食べる。その幼虫の光でアリ塚は"クリスマスツリー"のように光る。

小さな肉食生物が作り出す"光る海"
ウミホタル ✨
学名／*Vargula hilgendorfii*

日本の沿岸にみられる甲殻類（エビの仲間）の仲間。米粒くらいの大きさで、昼間は砂の中にいて、夜になると泳いでエサの魚の死体などをさがす。刺激を受けると発光し、海の波間が青白く光る。求愛や敵の目くらましと考えられているが謎が多い。

写真：Anna33

草むらを飛び交い点滅する"流れ星"
ゲンジボタル ✨
学名／*Luciola cruciata*

発光生物の代表的な昆虫。ホタルをふくめた発光生物の多くは、ルシフェリンという光る物質を作り出すことができる。これは光っても熱くならない不思議な物質。ホタルは点滅して、なわばりや求愛に使っている。また、種類ごとに点滅スピードが変わる。

生物調査大作戦

新種の生き物や、まだ生態がわかっていない生き物たちは、どうやって研究されているのでしょうか。ここでは特殊な乗り物や、調査ツールの一部を紹介します。

乗り物・ロボット

極限の世界に生物がいるのかどうか調査するには、研究者を危険から守る乗り物が活やくします。また、人間の行けない場所にはロボットを送って調査します。

潜水艦　しんかい6500

日本がほこる6500mまでの深海を調査できる有人潜水調査船。パイロット2名、研究者1名が直径2mの球体のコクピットに乗り込む。

ロボットハンドで、深海の生物を採集する。

南極観測船
砕氷船 しらせ

1.5mの厚さの氷をくだきながら時速5kmで進むことができる。南極で地球環境の調査を行う。ヘリコプターもとうさいしている。

しらせは排水量11600トン。　写真：Tak1701d

氷をくだきながら進む砕氷船の様子。

| 乗り物・ロボット | 調査アイテム | 調査・探検 |

フェニックスは、2007年8月打ち上げ、2008年5月火星着陸。

マーズ・エクスプロレーション・ローバーは、2003年6月打ち上げ、2004年1月火星着陸。

火星探査機 フェニックス／マーズ・エクスプロレーション・ローバー

NASAの無人ロボット探査機。地球以外の惑星に生命がいるかどうか調査する。火星の水などを調査した。ローバーの打ち上げ費用は1000億円。

調査用飛行船

巨大なゴンドラに研究者が乗り込み、ジャングルの樹冠の生物をあみで採取したり、大気中の生物調査などを可能にする。

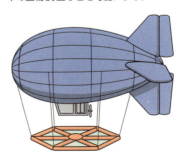

マルチコプター

人が近づけない火山や有毒ガスが発生する場所、上空から森や地形を撮影したいときに活やくする調査用小型ラジコンヘリ。小型ロボットなども運搬し、あらゆる調査を可能にする。

生物調査大作戦

調査アイテム

動物の習性を計算に入れながら、動物を撮影したり、どんな行動をしているのか調べたりするツールです。

自動撮影カメラ

人の気配を感じると姿を見せないほ乳類などの生息を確かめるための特殊なカメラ。動物がカメラを横切ると、自動的にシャッターが切れる。

木などに固定して使用する。

実際に自動撮影カメラで撮った画像。

写真提供：GlSupply

デジタルハンディースコープ CA-300

ケーブルの先にカメラのレンズがついており、岩の割れ目や生物の巣の中など、せまい場所を撮影することができる。

レンズ

写真提供：日本エマソン リッジ事業部

鴨笛

動物の鳴き声が出る笛。鳥類のカモや小鳥、ほ乳類のシカなど、種類ごとにあり、動物が鳴き声をかえしてくることで、居場所がわかる。

写真：Roby

| 乗り物・ロボット | 調査アイテム | 調査・探検 |

写真提供：GISupply

コウモリ探知機
（バットディテクター）

コウモリが飛びながら発している超音波は、人間の耳には聞こえないが、この装置を飛んでいるコウモリに向けると、人間の耳に聞こえる周波数に変かんできる。

首輪発信器　GPS

狩猟犬の首にこの発信器を取り付けてはなし、獲物をつかまえた場所をGPSで特定する。

写真提供：マツダコーポレーション

ラジオテレメトリー

送信機を付けた動物の居場所の距離や方向が、アンテナを向けることでわかる。どのようなルートで、どれくらい移動しているのか調査することができる。

マルチコプターをつかった追跡調査も行われている。

受信機　　　　　　　　発信機

生物調査大作戦

調査・探検

未知の生物を調べるのは命がけ。多くの研究者や冒険家のおかげで地球の生物の謎は少しずつ解明されています。

スポットライトセンサス調査

夜行性の動物の居場所を調べる場合、暗やみの林に向かって強力なライトで照らすと、動物の２つの眼が光り、居場所がわかる。

写真提供：GISupply

暗やみでは光る眼で確認。

樹冠吊り橋調査（キャノピーウォーク）

熱帯雨林のジャングルでは、地上は足場が悪く歩きにくいので、木の樹冠（木の上の方）に多くの生物がいる。ここに吊り橋をつくることで、40m以上の場所で採集や観察ができるようになる。

洞窟・火山調査

光のとどかない洞窟や、火山の火口付近など、高温や有毒ガスがある場所に生物がいるかどうかの調査は、重装備で行われる。極めて危険な調査になる。

特殊耐熱防火服（化学消防用）

火山噴火対策用マスク

写真提供：大東

ヘルメット＆ヘッドライト
つなぎ服
手袋
トレッキングシューズ

たて穴の場合は、ケービングロープ、ハーネスなど。

写真：Dave Bunnell

写真：Eric

アニマルトラック法

実際に野山に行っても、野生動物に簡単に出会えるわけではない。その場合、動物たちが残した手がかりも重要な情報になる。特に、足あと、ふん、毛、食痕などで動物がわかる。

ウサギ

足あと

足の着き方や運び方に特ちょうがある。雪の上だとよりわかりやすい。

ふん

豆のような色と形をしている。

カモシカ

足あと

ひづめの数や足の運びに特ちょうがある。

ふん

シカに似ているが、同じ場所に"ためふん"をする。

イタチ

足あと

肉球の大きさ、爪あと、歩はばに特ちょうがある。

ふん

長細くねじれた形。ふんでなわばりを主張。毛からエサがわかる。

すみか

鳥の巣や動物のねぐらなど特ちょうがある。羽や毛も重要な手がかりになる。

動物のあと

木の皮をかじったり、爪や角をといだりしたあとから、動物の生息を確認することができる。

すみか

冬の時期、クマは穴の中で冬眠

木のほらにあるリスの巣

キツネは出産のときだけ巣をつくる

動物のあと

シカが木の皮を食べたあと

木にのこったクマの爪あと

未知なる世界に生きる！
深海生物

深海は、水深200mより深い海のこと。地球の中で、人間の調査や研究がおよんでいない、未知なる世界なんだ。そこで暮らす未だ謎だらけの深海生物たちを紹介する！

日本では、巨大地震や天変地異の前ぶれと言われてきたが、その関係は未解明。

リュウグウノツカイ

幻の超大型深海モンスター

魚類 | 別名 オール・フィッシュ | 学名 *Regalecus glesne*

 深海生物

- 凶暴度: ■
- 進化度: ■■■
- 不思議度: ■■
- めずらしさ: ■■■■
- 変身度: ■■

ここがすごい！ "竜宮の使い"の名にふさわしい怪魚

泳ぐ
泳ぎはななめの姿勢で、長い背ビレを使って泳ぐと考えられている。

体
ウロコ、歯、ヒョウ（浮き袋）をもたない。

腹ビレ
腹ビレは、ボートの"オール"のような形。この先にエサを感知するセンサーがある。

未知なる世界に生きる！深海生物

生息地：世界各地の1000mまでの深海

水深 200m〜1000m

体長：11m **体重**：270kg

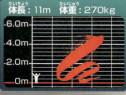

食べ物：プランクトン、オキアミ（小さいエビ）

食べたら…食べた例があるが、美味しいらしい。

とくちょう：世界各地で古くから語られてきた、伝説の巨大モンスター（海大蛇）のモデル。その生態は解明されていない。

世界中の1000mまでの深海に生息する深海魚。深海で泳いでいる姿が記録されていない謎の魚。5m級の死体が浜に打ち上げられることがあるが、これまで11m、273kgのものも確認されており、硬骨魚類では世界最長種。

ラブカ

恐竜時代からいる最も原始的なサメ

魚類 / 深海生物

別名 フリル・シャーク、ウナギザメ、羅鱶　学名 *Chlamydoselachus anguineus*

凶暴度 ■■	進化度 ■■	不思議度 ■■■
めずらしさ ■■■	変身度 ■	

ここがすごい! ジュラ紀（1億5000万年前）から同じ姿

泳ぎはおそい
ウナギのように泳ぎ、スピードはおそい。

特殊な歯
1本の歯が細かく枝分かれして、300本ある。すばやいイカなどを逃がさない。

生息地：世界各地の1000mまでの深海

水深 500m～1000m

体長：2m　**体重**：18kg(♀)

食べ物 イカ、タコ、クラゲ

とくちょう ラブカは、夜には浅い海でエサを探し、昼は深海でくらしていると考えられている。準絶滅危惧種。

太平洋などの1000mまでの深海に生息するサメ。大きな口で大きな獲物を食べるが、かむ力は強くない。エラが大きく、スカートのフリルのようなつくり。「生きた化石」と呼ばれ、原始的なサメの特ちょうをたくさん残す。

The World of Weird Creatures

卵ではなく、赤ちゃんを産む胎生で、妊娠期間が3年半で脊椎動物最長の妊娠期間。

未知なる世界に生きる！深海生物

メガマウス

やさしい幻の巨大ザメ

魚類

別名 オオグチザメ（大口鮫）　学名 *Megachasma pelagios*

深海生物

- 凶暴度 ■■□□□
- 進化度 ■□□□□
- 不思議度 ■■■■■
- めずらしさ ■■■■■
- 変身度 ■□□□□

ここがすごい！ これまで世界で50例しか発見されていない幻のサメ

歯
するどい大きな歯はなく、数ミリのヤスリのような歯しかない。

反射
口の中が白銀色に反射して光るため、それにさそわれてエサのプランクトンが集まると考えられている。

生息地：世界各地の1000mまでの深海

水深 100m〜200m

体長 5.5m　**体重** 1.2トン（メス）

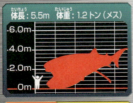

食べ物
プランクトン、オキアミ（小さいエビ）

とくちょう
発見された4分の1が東京湾。20世紀後半まで発見されなかったのは奇跡で、シーラカンスの発見に匹敵。

太平洋などの温かい海の200mまでの深海に生息する原始的なサメ。姿はブキミで恐ろしいが、温和な性格で小さなプランクトンをエサにする。1976年に発見された新種で、繁殖方法や寿命などすべて謎。

ヨロイザメ

何でもかみ切る深海ザメ

魚類 | 別名 カイトフィン・シャーク（凧鰭鮫） | 学名 Dalatias licha

深海生物

凶暴度	■■■	進化度	■	不思議度	■■■
めずらしさ	■■	変身度	■		

ここがすごい！ 泳ぎは遅いが、貪欲で何でも食べる

ウロコ
ウロコが小さく、トゲのようになっていてとても硬い。

潜水
肝臓には肝油が多く、潜水する浮力調整に役立つ。

未知なる世界に生きる！深海生物

生息地：世界各地の温暖な600mまでの深海

食べ物
魚、小型のサメ、イカ、タコ、エビ、クラゲ、魚の死体

食べたら…肝油など

水深 200m～600m

体長：1.5m **体重**：8kg

とくちょう 何にでもかみつく習性があるようで、金属の海底ケーブルをかみ切ろうとした跡が発見された。準絶滅危惧種。

世界の温かい海の600mまでの深海に生息する原始的なサメ。体がヨロイのようにかたい。するどい歯と強力なかむ力で、自分より大きな獲物にもかみつく。赤ちゃんを産む胎生で、妊娠期間が2年と長い。生態は謎に包まれている。

フクロウナギ

ペリカンのような大口の魚

魚類

別名 ペリカン・イール（ペリカンウナギ）　学名 *Eurypharynx pelecanoides*

深海生物

凶暴度 ■□□□□	進化度 ■■■□□	不思議度 ■■□□□
めずらしさ ■■■□□	変身度 ■■□□□	ここがすごい！ 巨大な口をもつおばけのような姿

泳ぎはヘタ
尾ビレ、肋骨、ヒョウ（浮き袋）がなく、泳ぎはうまくない。

発光器
尾の先に発光器があり、獲物をおびきよせる。

大きな口
袋のような口には小さな歯があるがかむ力はない。虫取り網のように獲物を捕まえる。

生息地：世界各地の温暖な3000mまでの深海

水深 550m〜3000m

体長 1m

食べ物 プランクトン、エビ、小さいイカ

とくちょう 成体は3000m級の深海にいるが、幼体は水深100m付近でくらす。幼体は4cm以下で変態し大きな口に。

ウナギの仲間の多くは生態が未解明だが、フクロウナギは特に謎が多い。エサが少ない深海で少しでもたくさんとれるように、巨大なペリカンのような口に進化した。体の4分の1を口が占めている。

究極の生きた化石！
シーラカンス

魚類

深海生物

学名 *Latimeria chalumnae*

凶暴度	■□□□□	進化度	■□□□□	不思議度	■■■■■
めずらしさ	■■■■■	変身度	■□□□□		

ここがすごい！ 魚が陸上動物に進化する姿を想像できる

交尾
メスは卵胎生で、赤ちゃんを出産。オスの生殖器がなく、交尾方法が謎。

ヒレ
8つのヒレをもつ。第2背ビレ、腹ビレ、尻ビレは、根元がうろこでおおわれ、歩くように泳ぐ。

未知なる世界に生きる！深海生物

泳ぎ
肋骨がなく、ヒョウ（浮き袋）も空気ではなく油がつまっている。逆立ち泳ぎもできる。

生息地
アフリカ（モザンビーク周辺）、インドネシア（スラウェシ周辺）の700mまでの深海

水深
40m〜700m

体長：2m

食べ物
魚、イカ

とくちょう
日本の近海には日本海溝をはじめ世界屈指の多様な深海があり、発見される可能性をあげる研究者もいる。

アフリカとインドネシアの深海にすむ古代魚。4億年前に初期の硬骨魚類として大繁栄し、その後6500万年前に、恐竜とともに絶滅したと考えられていた。1938年に生きた個体が発見されて、科学史にしょうげきをあたえた。

ダイオウグソクムシ

深海にいた世界最大のダンゴムシ

節足動物 / 深海生物

別名 ジャイアント・アイソポッド、大王具足虫　学名 *Bathynomus giganteus*

- 凶暴度 ■
- 進化度 ■■
- 不思議度 ■
- めずらしさ ■■■
- 変身度 ■■

ここがすごい! 飼育下で5年間エサを食べずに生きた

泳ぐ
ダンゴムシと同じく、7対の脚をもつ。泳ぐのにも使われる。

視覚
3500個の個眼が集まった複眼は、節足動物では世界最大。

生息地：メキシコ湾、西大西洋周辺の1000mまでの深海

水深 200m〜1000m

体長：40cm

食べ物：魚やクジラなどの死体

食べたら… オオグソクムシは日本で食す。美味ではない。

とくちょう 日本の海にも近い仲間のオオグソクムシが生息している。大きさは15cm程度。

ダンゴムシの仲間では世界最大で40cmになる。深海にしずんできたクジラの死体などを食べる"海のそうじ屋"として重要な役割がある。ダンゴムシと同じく、カンガルーのような袋があり、卵をかかえて育てる。

タカアシガニ

生きた化石、世界最大のカニ

甲殻類 / 深海生物

別名 ジャパニーズ・スパイダー・クラブ　学名 *Macrocheira kaempferi*

凶暴度 ■■□	進化度 ■□□	不思議度 ■■■
めずらしさ ■□□	変身度 ■■□	

ここがすごい! 食用になっているが、生態に謎が多い

こうら
若い個体には、こうらにトゲや毛があるが、成長して大きくなるとなくなる。

産卵
メスは春に0.8mmの大きさの卵を130万個お腹にかかえて3ヶ月すごす。

生息地：日本近海の800mまでの深海

水深　150m～800m

体長：甲長40cm、脚を入れると3m

食べ物
魚の死骸、海草など

食べたら… 西伊豆などで食べられる。

とくちょう
古くは1200万年前の化石に近いものが見つかっている。ズワイガニとタカアシガニは仲間で、食用とされる。

未知なる世界に生きる！深海生物

日本近海の深海に生息する世界最大のカニ。地球上の節足動物としても世界最大で、大きいものは脚を広げると3mを超える。体が大きいため、脱皮するのに6時間以上かかる。こうらの後ろがさけて、古い殻を脱ぐ。

子象の"ダンボ"が深海を泳ぐ

ジュウモンジダコ

軟体動物 （なんたいどうぶつ）

別名 ダンボオクトパス、オオクラゲダコ　学名 *Grimpoteuthis hippocrepium*

深海生物

| 凶暴度 | ■ | 進化度 | ■■ | 不思議度 | ■■■ |
| めずらしさ | ■■■ | 変身度 | ■■ | ここがすごい！ 傘のようなタコ | |

- 0m
- 500m
- 1000m
- 2000m
- 3000m

ヒレ
耳に見える部分はヒレで、方向を変えるときなど器用に使う。

発光
光でエサをおびき寄せることもできる。

トゲと膜
吸盤は吸い付かず、やわらかいトゲになっている。足の間の膜を広げ、その場に浮かぶ。

生息地：東太平洋の7000mまでの深海

水深 300m〜2000m

体長：1m

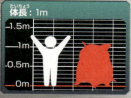

食べ物
エビなど

食べたら…マズい。シンナー臭い。

とくちょう
深海にすむタコは、スミをはかない。光がとどかないため常に暗いので、目くらましの役に立たないから。

太平洋の深海に生息するタコ。大きな耳に見えるのはヒレ。他のイカやタコと同じく、ろうとで水を噴射して進み、方向転かんするときに"耳"を使う。その姿が、空飛ぶ子ゾウのダンボに似ているため、ダンボオクトパスとも呼ばれる。

ユウレイイカ

幽霊のように光る幻のイカ

軟体動物 | 別名 ディープ・シー・スクイッド | 学名 *Chiroteuthis picteti* | 深海生物

- 凶暴度
- 進化度
- 不思議度
- めずらしさ
- 変身度

ここがすごい！ 生態が謎で水族館でも飼育できない

➡ ただよう
全身が寒天質でやわらかく、泳ぎが苦手で、幽霊のようにユラユラとただよう ように泳ぐ。

⚡ 発光器
眼のまわりや、脚に発光器があり光を放つ。

未知なる世界に生きる！ 深海生物

生息地：太平洋東部の600mまでの深海

水深 200m〜600m

体長：20cm

食べ物
魚、エビ

とくちょう
2011年の東日本大震災以降、めずらしい深海魚がみつかるが、海底の巨大地震の予兆との関係は不明。

太平洋東部の600mまでの深海に生息するイカ。これまで調査用の深海潜水艇でしか観察されたことがなく、生きたものは2012年の日本の捕獲が世界初。10本のうでのうち、太いうでと細いうでを二本ずつ持つのが特ちょう。

オウムガイ

絶滅したアンモナイトの仲間

軟体動物 / 別名 ノーチラス / 学名 Nautilus pompilius / 深海生物

凶暴度	進化度	不思議度
■	■■	■■■

めずらしさ	変身度
■■	■■

ここがすごい!! 殻をもったタコ?

視覚
眼はイカやタコとちがい、レンズがない。視力は悪い。

触手
触手は90本あり吸盤はない。

噴射
泳ぎは触手は使わずに、触手の下にあるろうとから水を噴射して進む。

生息地: 南太平洋〜オーストラリアの600mまでの深海

水深: 100m〜600m

体長: 甲長20cm

食べ物: 魚の死骸、甲殻類の脱皮殻

とくちょう: 貝の仲間には殻の直径が2.5mのものもいた。大繁栄したアンモナイトなどは、なぜか恐竜と同じ時代に絶滅。

先祖は5億年前に出現し、ほぼ形が変わっていないことから、生きた化石と呼ばれている。巻き貝のように見えるが、貝の中は小さなかべで仕切られている。そこに水と空気を入れて浮き上がったり、しずんだりする。

ハオリムシ

地球上で最も高温にたえられる動物

環形動物

別名 チューブワーム　学名 *Lamellibrachia sp*

深海生物

凶暴度	進化度	不思議度
めずらしさ	変身度	

ここがすごい！ 深海の火山を利用できる謎の生物

共生バクテリア
体内に共生バクテリアがいて、有毒な硫化水素から有機物を作らせ栄養源にしている。

チューブ
チューブ状の固い殻をつくり、先から赤いエラを出している。赤色は鉄分の色。

写真：Charles Fisher

未知なる世界に生きる！ 深海生物

生息地：日本近海、太平洋の深海の火山

食べ物：硫化水素

水深 100m～5000m

体長：20cm～3m

とくちょう 1977年にガラパゴス諸島の深海で、潜水艇が発見。常に80℃以上の熱水で生きられるしくみは未解明。

深海400mの火山性の80℃以上の高温の熱水噴出孔のまわりに生息するゴカイの仲間。眼、口、消化管、肛門がない。動物でありながら、獲物をつかまえない。植物が光合成するように、有毒な硫化水素から栄養源を作る。

妖怪 大口オバケ?
オオグチボヤ

尾索動物

別名 プレデター・タニケート、シー・スクワート　学名 *Megalodicopia hians*

深海生物

| 凶暴度 | ■ | 進化度 | ■ | 不思議度 | ■ |
| めずらしさ | ■■ | 変身度 | ■■■ | ここがすごい!! | 肉食系のホヤ |

出水孔
海水をはき出す出水孔は、大口の上にある小さなエントツのような場所。

入水孔
大きな口にみえる部分は海水を取り入れる入水孔。プランクトンを取り込み、こして食べる。

生息地：太平洋と南極海の1000mまでの深海

水深 300m〜1000m

体長：15cm

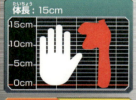

食べ物
動物プランクトン、エビ

とくちょう さわると、体内の海水をすべてはき出して小さく丸くなる。進化のカギをにぎるホヤは世界中で研究されている。

太平洋や南極海の深海に生息するホヤの仲間。ホヤはすべての脊椎動物の遠い先祖のグループ。オオグチボヤは岩などについて動きまわらない。流れてきた小さなプランクトンが入ると"口"を閉じてとじこめる。

6章
絶対だまされる！
モノマネ生物

軟体動物

一しゅんで数十種類の生物に化ける

ミミック・オクトパス

擬態生物

別名 ゼブラ・オクトパス（シマウマダコ）　学名 *Thaumoctopus mimicus*

| 凶暴度 | ■■□□□ | 進化度 | ■■■■□ | 不思議度 | ■■■■□ |
| めずらしさ | ■■■■□ | 変身度 | ■■■■■ | | |

ここがすごい! 見た目だけでなく動きのマネも完ぺき！

擬態
普段は白黒のシマ模様で、眼で見て判断して、色素を変化させて身体の色や模様を変える。

視覚
無脊椎動物の貝に近い仲間でありながら、進化した脊椎動物と同じ性能の眼を持つ。

生息地：インドネシア〜オーストラリア北東部 周辺の浅い海

体長：60cm

食べ物
小魚、貝類

とくちょう
タコは"海の忍者"と呼ばれ、色や形を変えるのが得意。このタコは、動きや泳ぎまでそっくりなのがすごい。

インドネシア周辺の海に生息するタコ。1998年に発見された新種で、和名はまだない。ウミヘビ、ヒラメ、ミノカサゴ、クラゲ、イソギンチャクなど、数十種の生物に化ける。強い生物になりすまし、おそわれないようにする。

The World of Weird Creatures

さまざまな生物の姿に変幻する魔法使いのようなタコ。脚をくねくねさせてウミヘビに擬態しているところ。

絶対だまされる！ モノマネ生物

タコの頭に見える部分は胴体、目があるところが頭。体をたくみに使い、ヒラメに擬態。

海草になりすました育メン魚
リーフィー・シードラゴン

魚類

擬態生物

学名 *Phycodurus eques*

凶暴度	進化度	不思議度
めずらしさ	変身度	ここがすごい！ 海草のような海の龍

擬態
海草のようにみえるものは、皮ふが変化したもので皮弁という。

吸う
ストローのような細長い口で、プランクトンや小魚を海水ごと吸い込んで食べる。

泳ぐ
主に背ビレを使って泳ぐ。海草が流されているようにゆっくり泳ぐ。

生息地：オーストラリア南西部の浅い海

体長：30cm

食べ物
プランクトン、小魚

とくちょう オスのおなかには育児嚢があり、メスがオスのおなかに産卵すると、オスがおなかでふ化するまで守り"出産"する。

オーストラリアに生息するタツノオトシゴの仲間。全身の皮ふが枝分かれしてワカメのような海草に擬態。敵に見つからないだけでなく、エサとなるプランクトンや小魚がかくれ家とだまされて寄ってくる。

148

マタマタ

かれ草になりすました"笑う"カメ

は虫類

学名 *Chelus fimbriatus*

擬態生物

| 凶暴度 | ■ | 進化度 | ■■■ | 不思議度 | ■■■ |
| めずらしさ | ■■■ | 変身度 | ■■■ | | |

ここがすごい! 矢印のような頭をしたカメ

感覚器
のどにとっきのある感覚器があり、水中の魚の動きがわかる。目の前に獲物が来ると大きな口で一しゅんで吸い込む。

写真：Justin

シュノーケル
矢印のような頭の形で、鼻先がシュノーケルのようになっており、長時間水の中にいることができる。

首
首をこうらの中に引っ込めることができない。

絶対だまされる！ モノマネ生物

生息地：南米アマゾン川、オリノコ川

体長：45cm

食べ物：魚
食べたら…とても不味い。

とくちょう
南米の先住民族のトウピ語で「皮ふ」を意味する名前。のどの下の肉のとっき（感覚器）が、それをさす。

南米アマゾン川周辺に生息する水棲のカメ。かれ草になりすまして、にごった見通しの悪い水中でも魚を探すことができる。温和な性格で、口の形も笑っているように見えるが、特に笑っているわけではない。

149

かれ葉になりすました悪魔ヤモリ
エダハヘラオヤモリ

は虫類

別名 サタニック・フラットテール・ゲッコー　学名 *Uroplatus phantasticus*

擬態生物

- 凶暴度
- 進化度
- 不思議度
- めずらしさ
- 変身度

ここがすごい！ 目の上に角がある"悪魔の使い"

視力
眼はネコのように光を調節でき、明るいところでは瞳が縦に細くなり、暗いと大きく丸くなる。

擬態
眼の上にトゲ状の角のようなとっきがあり、かれ枝をマネている。

擬態
指先には静電気を使った吸盤があり、木の枝に後ろ足だけでぶら下がり、じっとして木の葉になりすます。

生息地：アフリカ・マダガスカル島の森林

体長：10cm

食べ物：昆虫、節足動物

とくちょう
現地では、その不気味な姿から"悪魔の使い"と嫌われていたが、野生個体が激減し現在は手厚く保護。

マダガスカルに生息するヤモリ。ヘラのように平たい尾は、かれ葉に擬態しており、虫食いの穴まで再現。眼の上に小さな角があるので悪魔のような顔にたとえられるが、実際は人間にとっての害虫を食べてくれる益獣。

ガマグチヨタカ

木に擬態する夜行性の鳥！

鳥類 / 擬態生物

別名 キュウリキザミ ナイトジャー　学名 *Podargidae*

- 凶暴度
- 進化度
- 不思議度
- めずらしさ
- 変身度

ここがすごい！ タカでもフクロウでもない不思議な鳥

捕食
大きな口を開けながら飛び、虫を吸い込みのど袋にため、巣に持ち帰る。

擬態
木の皮の色に擬態した羽の色で、昼間は木の幹に身体を付けて身動きしない。

絶対だまされる！ モノマネ生物

歩くのが苦手
足の指が小さく、歩くのが苦手。

生息地：オーストラリア、ニューギニア、東南アジア

食べ物：昆虫

体長：30cm

とくちょう
夏の渡り鳥として繁殖のために日本にも飛来。子育ては、昼はメス、夜はオス。生息地が減少し準絶滅危惧種。

オーストラリアから東南アジアに生息する鳥。羽の色が木の皮に擬態し、昼間は木の幹に身をひそめ、鳥としてはめずらしく夜行性。日本にもヨタカはいて、"ヨタカ"という和名がついているが、猛禽類のタカの仲間ではない。

花になった殺し屋
ハナカマキリ

昆虫

別名 ランカマキリ　学名 *Hymenopus coronatus*

擬態生物

- 凶暴度
- 進化度
- 不思議度
- めずらしさ
- 変身度

ここがすごい！ 獲物の好物になりすまし捕食

カマ
待ちぶせ型で、ピンク色のカマで獲物を捕まえる。狩りのスピードは0.03秒。

擬態
眼は縦長になり、ランの花のおしべとめしべに擬態。おなかや脚は、花びらのようにうすくなっている。

生息地：東南アジアの草原

体長：オス 3cm、メス 7cm

食べ物
昆虫

とくちょう
ハナカマキリは紫外線を吸収する特殊な体のため反射せず、紫外線の光も見えるチョウにも見つかりにくい。

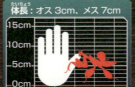

東南アジアの草原に生息するカマキリ。花に飛んでくるチョウやハチを捕食するために、ランの花に化けてじっと待ちぶせをしている。冬がなく年間通して花がある地域のカマキリならではの進化と考えられる。

ミツヅノコノハガエル

角の生えたかれ葉色のカエル

両生類

別名 ロングノーズ・ホーン・フロッグ　学名 *Megophrys nasuta*

擬態生物

- 凶暴度 ■
- 進化度 ■■
- 不思議度 ■
- めずらしさ ■■■
- 変身度 ■■■

ここがすごい！ 生きた迷彩色のけっ作

口
口のはばは体の3分の2ある。大きな獲物は眼球の裏を使って口の中に押し込む。

歩く
ジャンプ、木登り、水泳があまり得意ではなく、地表を歩いて移動する。

擬態
角のようにみえるのは、まぶたの皮ふが変化したもの。

絶対だまされる！モノマネ生物

生息地：東南アジアの森林

体長：14cm
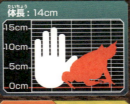

食べ物
昆虫、ナメクジ、カタツムリ、小動物

とくちょう
かれ葉の迷彩色だけでなく、虫が葉につく"虫コブ"に似せた骨のとっきが背中にある。

東南アジアの森に生息する、かれ葉に擬態したカエル。体の表面がかれ葉色をしていて、目の上にも葉先のような角が生えている。昼間は落ち葉にかくれて休み、夜になると獲物を探すために行動する。動きはあまり速くない。

オオコノハギス

世界最大のキリギリス

昆虫

別名 ジャイアント・ブッシュ・クリケット　学名 Macroristes imperator

擬態生物

凶暴度	進化度	不思議度
めずらしさ	変身度	

ここがすごい! キリギリスの仲間は葉の形に擬態

擬態
植物の葉に擬態。葉脈やかれた色などそっくりに身をかくす。青葉型とかれ葉型がある。

音
危険を感じると、羽をこすって耳をふさぎたくなるほどの大音量で『ガチャガチャ』とオスもメスも鳴く。

耳
音を聞く耳は2本の前脚についている。

生息地: マレーシアの森林

体長: 15cm

食べ物: 植物の葉

とくちょう
バッタの仲間は、イモムシのような幼虫の時期がなく、卵から親と同じような形で産まれて、脱皮して成長。

ニューギニアの森に生息する、世界最大のキリギリスの仲間。バッタの仲間は普通は、求愛のためだけにオスが羽をこすって鳴くが、オオコノハギスは大音量で敵をおどろかす武器に使う。バッタの中では、ジャンプ力は弱い。

ベニスズメガ（幼虫）

ヘビそっくりの幼虫

昆虫 | 擬態生物

別名 エレファント・ホーク・モス　学名 *Deilephila elpenor lewisii*

- 凶暴度 ■
- 進化度 ■■
- 不思議度 ■■■
- めずらしさ ■■
- 変身度 ■■■■
- ここがすごい！ 敵の"敵"になりすます

擬態
頭の形をたくみに変えてヘビそっくりの姿になる。

幼虫
普段は何のへんてつもない幼虫の姿。

写真：NaturKamera

写真：Eirlan-Evans

成虫
成虫になるとピンク色の巨大なガになる

絶対だまされる！ モノマネ生物

生息地：ヨーロッパ、東アジアの森

食べ物
オオマツヨイグサ、ホウセンカ

体長：75mm

とくちょう　ヘビがかま首を上げるしぐさや、舌を出す行動もマネができる。それを見た小鳥はヘビと間ちがえ逃げ出す。

ヨーロッパ、東アジアに生息するガの幼虫。大型の幼虫で、ヘビの頭のような形をしている。目玉のような模様は、本物の眼ではなく、眼に似せた模様。幼虫を食べる小鳥の天敵になりすますことで身を守っている。

擬態する生き物たち

生物が別の生物に変身したり、環境にとけこんだりすることを"擬態"といいます。擬態には、いくつかの種類があります。

周りの環境にとけこむ

周囲の環境と同じ色や形になることで、天敵に見つかりにくくなります。肉食動物の中には、狩りをするために、獲物に気づかれにくくなるために、環境にとけこむものもいます。

透明になる

サメハダホウズキイカ
学名／*Cranchia scabra*

透明になることで、周りにとけ込み身をかくす。ただし、透明になれる部分、大きさ、動きに制約がでてしまう。

体の色を変化させる

カメレオン 学名 *Chamaeleo calyptratus*

周囲の葉や木の枝の色と同じ色に瞬時に変化させて、敵や獲物に見つかりにくくする。カメレオンやアマガエルなどが有名。

地面や砂の色になる

ヒラメ 学名／*Paralichthys olivaceus*

土の色、砂の模様などと同じデザインになることで、敵から見つかりにくくする。ただし、体のデザインと異なる場所だととても目立つ。

写真：Moondigger

雪の色になる

オコジョ 学名／*Mustela erminea*

オコジョ、トウホクノウサギ、ライチョウなど雪の場所に生息する動物は、毛や羽が白くなる。雪のない季節は、岩や土の色に変わる。

影をつくる

ムスジコショウダイ 学名／*Plectorhinchus orientalis*

写真：Morningdew

トラ 学名／*Panthera tigris*

トラはやぶで獲物を待ちぶせするときに草の影の模様にカムフラージュされる。魚のしま模様は、体の形や大きさをわかりにくくする分断色になる。

他の生物になりすます

他の生物の色や形そっくりになることで、天敵をダマす作戦。デザインだけでなく、動きもそっくりにまねているものもいる。

植物になりすます

写真：Markus A. Hennig

コノハムシ 学名／*Phyllium pulchrifolium*

昆虫類、特にバッタやナナフシの仲間は、色だけでなく形も葉や枝そっくりに擬態している。歩き方も葉が風にゆれるように歩く。

天敵の天敵になりすます

写真：Darkone

クジャクチョウ 学名／*Inachis io*

チョウやガをおそう小鳥は、フクロウなどの肉食の鳥が天敵。そこで、羽にフクロウの目玉のような模様をつけて、小鳥をおどろかす。

弱点をこく服する目玉模様

正面　　　　　　　　　　後ろ

写真：Tim from Ithaca

スズメフクロウ 学名／*Glaucidium passerinum*

夜行性のフクロウは、昼間寝ているときに起きているふりをするために、後頭部に目玉模様がある。キングコブラも死角の背後に目玉模様があり、にらんでいるようにみせている。

写真：Nireekshit

キングコブラ 学名／*Ophiophagus hannah*

アリや
ハチに
なりすます

▲ツノゼミ
学名／*Heteronotus maculatus*

アリグモ▶
学名／*Myrmarachne japonica*

アリやハチは、牙や毒針を持っているので、苦手とする動物が多い。そこでアリやハチ風のデザインにすることで、天敵におそわれないようにしている。

擬態じゃないけど似ている生物も！

全く異なる祖先でも、同じ環境に適応するとデザインが似てくることがある。これを収斂進化と言います。

土の中の環境

ケラ モグラ

写真：Eszter Kovács

写真：Cevokreb

写真：Mathieskabel

昆虫のケラは、モグラそっくりな習性で、穴をほる前脚の形もそっくりです。

泳ぐ環境
サメ（魚類）とイルカ（ほ乳類）

空を飛ぶ環境
スズメ（鳥類）とコウモリ（ほ乳類）

警告する

毒や針を持っている生物が、捕食する鳥類、ほ乳類、は虫類に対して、ひどい目にあったことをおぼえさせるために派手な色をしています。このような色や模様を"警告色"と言います。

食べるとマズい

写真：Dominik Stodulski

テントウムシ
学名／*Coccinella septempunctata*

くさいニオイや苦い味で、食べてもおいしくないことを天敵におぼえさせるために、赤色をしている。

刺されると痛い

スズメバチ
学名／*Vespa mandarinia*

太い針と強い毒があることを、天敵の動物たちにおぼえさせる。黄色と黒色のしま模様で目立つようにしている。

ニセの警告

サンゴヘビ〈有毒〉
学名／*Lampropeltis triangulum*

ミルクヘビは、コブラの仲間の猛毒のサンゴヘビの警告色をマネすることで、無毒であるにもかかわらず他の動物たちにおそれられている。

ミルクヘビ〈無毒〉
学名／*Lampropeltis triangulum*

なぜ擬態はおこるの？

生物の進化というのは、「こうなりたい！」と自らの努力の結果で身体の形を変化させているのではありません。突然変異で変わった特ちょうが、たまたま環境にうまくあっていると生き残り、そうでないと絶滅してしまいます。そんなぐうぜんの積み重ねと気の遠くなるような年月の結果が、擬態という進化の現象なのです。

7章
つかみどころのない！摩訶不思議な生物

オカピ

世界三大珍獣！ 首の短いキリン

ほ乳類

学名 *Okapia johnstoni*

凶暴度	■■□□□	進化度	■□□□□	不思議度	■■■■□
めずらしさ	■■■■□	変身度	■■□□□		

ここがすごい! 森の貴婦人と呼ばれるオカピの意味は"森のロバ"

角
頭にはキリンと同じく頭骨が長くなり、毛でおおわれた角が2本ある。

舌
30cm以上のびる紫色の舌もキリンと同じで、葉をからめとって食べる。

ひづめ
ひづめの数は、キリンと同じ2つ。ロバやウマの仲間は1つ。

生息地：中央アフリカの熱帯雨林

食べ物：樹木の葉

体長 2.5m **体重** 230kg

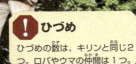

とくちょう
警かい心が強く、1900年まで発見されなかった。飼育は不可能とされたが、研究が進み世界で約40頭飼育。

中央アフリカの密林に生息。パンダ、コビトカバとならぶ世界三大珍獣。シマウマのような姿だが、首が短かったころのキリンの先祖の特ちょうを残す。自分のふんだかれ葉の音におどろいて転ぶと言われるほど警かい心が強い。

シフゾウ

野生は絶滅、今は動物園だけにいる神獣

ほ乳類

別名 四不像（スープシャン）　　学名 *Elaphurus davidianus*

- 凶暴度
- 進化度
- 不思議度
- めずらしさ
- 変身度

ここがすごい！ 鹿、馬、牛、ロバが合体した幻の動物

角
角はオスだけにあり、春先に毎年根元から落角して新しい角が生えてくる。

群れで繁殖
シフゾウは群れがいないと繁殖がうまくいかない。産まれる赤ちゃんも1頭だけ。

つかみどころのない！摩訶不思議な生物

大きなひづめ
シカの仲間にしては、ひづめがウシのように大きくてはば広いので、足場の悪い場所も歩ける。

生息地：中国北部〜中央部の沼沢地

食べ物：草、木の葉

体長 2.2m　**体重** 180kg

とくちょう
野生絶滅後、イギリス貴族がひそかに飼育していた18頭が発見され奇跡の復活。日本ではなぜか害獣に指定。

中国に生息していたが、野生は絶滅。シカのような角、ウシのようなひづめ、ウマのような顔、ロバのような尾という4つの動物の特ちょうがありながら、その正体がわからなかったことから"四不像"と名付けられた。

163

キバノロ

肉食獣のような牙を持つ幻のシカ

ほ乳類

別名 ウォーター・ディア　学名 *Hydropotes inermis*

- 凶暴度: ■■■□□
- 進化度: ■□□□□
- 不思議度: ■■■□□
- めずらしさ: ■■■■□
- 変身度: ■■□□□

ここがすごい！ 角を持つ前の原始的なシカ

泳ぐ
ひづめのはばが広く、沼地にも脚が沈まず、泳ぎもうまい。

牙
オスは8cmの大きな犬歯があり、ときには天敵のトラやクマの他、ライバルのオスとも牙で戦うことも。

生息地：朝鮮半島〜中国東北部の沼地

食べ物
草、木の葉

体長：1m　**体重**：12kg

とくちょう
この牙は、シカが角を持つ前の原始的な特ちょうと考えられている。生息地の破かいで、激減する絶滅危惧種。

朝鮮半島周辺に生息するシカで、オスもメスも角が生えない。その代わり、草食動物でありながらも、オスは大きな牙をもつ。ただし、小型のシカで、おくびょうな性格のため、武器として牙をつかうことはめったにない。

フクロミツスイ

ほ乳類で唯一、花のみつが主食の珍獣

ほ乳類

別名 ハニー・ポッサム　学名 *Tarsipes rostratus*

- 凶暴度 ■
- 進化度 ■■
- 不思議度 ■■■
- めずらしさ ■■
- 変身度 ■■■

ここがすごい！ 花のみつを吸いやすくした専用の口

尾
尾はからだより長く、枝に巻き付けてぶら下がることができる。

肉球
手は霊長類と同じく、ものをにぎることができ、指先には肉球がある。

舌
22本の歯は小さく、かたいものはかめない。舌の先がブラシ状になっていてみつをなめとる。

つかみどころのない！摩訶不思議な生物

生息地：オーストラリア南西部の森林

食べ物
ユーカリの花の蜜、花粉

体長：10cm　体重：15g

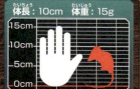

とくちょう
2000万年前の花をつける植物が多い時代に進化したと考えられる。近年はペットのネコなどにおそわれて激減。

オーストラリア南西部に生息する生物。花の上にのるほどのサイズで、一年中花の咲いている地域に暮らす。出産のタイミングを母親は自分でコントロールでき、カンガルーと同じ袋（育児嚢）で赤ちゃんを育てる。

ほ乳類

空、陸の敵も追いつけない俊足ランナー

ハネジネズミ

別名 センギ エレファント・シュルウ、跳地鼠　学名 *Elephantulus myurus*

凶暴度	■□□□	進化度	■□□□		不思議度	■■■□
めずらしさ	■■■□	変身度	■□□□			

ここがすごい！ 逃走路のメンテナンスに一日の大半をついやす

高速で走る

カンガルーのような後ろ脚で高速で走る。長い尾を使って、高速で走りながらバランスをとり、直角に曲がれる。

嗅覚

ゾウのような鼻をもって、自由に動き嗅覚がするどい。

生息地：アフリカ南部の森林、草原

食べ物
昆虫、植物

体長：10～30cm　体重：50～500g

とくちょう

足の速さを活かすために、逃走路をふみ固めたり、じゃまなゴミをはいたり、念入りにメンテナンスする。

アフリカ南部に生息するほ乳類。ネズミと名前がついているが、全くちがう動物で、長らく分類が謎だった。天敵の多いアフリカで生きぬくために、高速で走る。そのスピードは、同じ大きさならチーターを上回るほど。

キノボリカンガルー

カンガルーなのに木に登る

にゅうるい ほ乳類

別名 ツリー・カンガルー、セスジキノボリカンガルー　学名 *Dendrolagus goodfellowi*

- 凶暴度 ■
- 進化度 ■■■
- 不思議度 ■■■■
- めずらしさ ■■■
- 変身度 ■■

ここがすごい！ 樹上生活だが、ジャンプ力は健在

つかみどころのない！摩訶不思議な生物

毛
肩から頭にかけての背中側の毛は逆方向に生えるので、丸まると雨が流れやすくぬれない。

腕力
ほかのカンガルーに比べて、うでの筋肉があり、うでだけで木にぶら下がることもできる。

かぎ爪
他のカンガルーのように爪がまっすぐではなく、大きくて曲がったかぎ爪になっている。

生息地：ニューギニア島、オーストラリア東部の一部の森林

食べ物：木の葉、果実

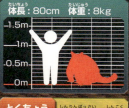

体長：80cm　体重：8kg

とくちょう 森林伐採が深刻で、自分のなわばりの食べ物の木の実や葉がなくなっても、なわばりをはなれず数が激減。

ニューギニア島とオーストラリアにわずかに生息する、木の上で生活するカンガルー。樹上での行動はすばやく、さらに18m程度の木であれば飛びおりることもある。樹上生活に適応した希少なカンガルー。

167

ブチクスクス

サルになった有袋類?

ほ乳類

学名 *Phalanger maculatus*

凶暴度	■	進化度	■■	不思議度	■■■
めずらしさ	■■■	変身度	■		

ここがすごい! 有袋類の中で最も不思議な姿

聴覚
丸い顔と毛にかくれた小さな耳が特ちょう。聴覚、嗅覚は発達している。

爪
曲がった爪でしっかり木につかまることができ、毛づくろいしやすいクシの役目をする爪もある。

尾
自分の身体と同じ長さの尻尾をもち、木や枝にからませてつかまることができる。

The World of Weird Creatures

キノボリカンガルーと比かくするとしっぽの太さも細く、よりサルに近い。

つかみどころのない！摩訶不思議な生物

オスがブチなのに対して、メスは全身が真っ白の毛。

同じ有袋類で木に登るキノボリカンガルー。

生息地：ニューギニア島、オーストラリア東部の一部の森林

体長：50cm　体重：3kg

食べ物
葉、木の実、昆虫、鳥の卵

とくちょう　オーストラリアでは、有袋類だけが多様に進化。クスクスは他の地域でのサルにあたる地位に進化した。

ブチクスクスはオスに茶色のはん点模様があり、メスは全身が白くやわらかい毛でおおわれている。木の上でくらし、植物だけでなく、小動物なども食べる雑食。姿形からも、まさにサルに進化した有袋類といえる。

169

アマゾンカワイルカ

川にすむ背ビレがない幻のイルカ！

にゅうるい
ほ乳類

別名 アマゾン・リバー・ドルフィン　学名 *Inia geoffrensis*

凶暴度 ■	進化度 ■■	不思議度 ■■
めずらしさ ■■■	変身度 ■■	ここがすごい！ 手足をヒレに変えた初期のクジラの姿

歯
歯は魚をすべらないようにはさむだけで、丸のみする。

視覚
眼は小さいが視力は悪くない。

生息地：南米アマゾン川
水系

食べ物
魚、カニ、カメ

食べたら…現地では昔、食用だった。

体長：2.8m　体重：150kg

とくちょう アマゾン以外にインドや中国にもいるカワイルカの仲間は、全クジラ目でもっとも絶滅の危機にひんしている。

南米アマゾン川に生息する、ピンク色をした淡水のイルカ。3500万年前の原始的なクジラの特ちょうを残す"生きた化石"ともいえる。背中には、イルカのトレードマークともいえる背ビレはなく、三角形のコブがあるだけ。

The World of Weird Creatures

つかみどころのない！摩訶不思議な生物

アマゾン川に生息する淡水のカワイルカ。背びれの代わりに、三角のコブがある原始的なイルカ。

最強ハゲワシ見参！
ミミヒダハゲワシ

鳥類

別名 ラペットフェイス・ボルチャー　学名 *Torgos tracheliotos*

| 凶暴度 | ■■□ | 進化度 | ■■□ | 不思議度 | ■□□ |
| めずらしさ | ■■□ | 変身度 | ■□□ | ここがすごい！ 特殊な免疫を持つため病気になりにくい |

❗防衛
頭に羽がないのは、死肉の雑菌を頭に付きにくくして日光消毒するため。

🎯視力・嗅覚
視力・嗅覚がすぐれていて、数キロ先からでも動物の死体を見つけることができる。

✊あく力
狩りをしないので、指先のあく力はほかの猛禽類に比べて弱い。

生息地：アフリカのサバンナ

食べ物：動物の死体

体長: 1m　翼開長: 3m　体重: 9kg

とくちょう
悪者のイメージだが、死体を食べるため、サバンナ全体に不衛生な悪い病気が広がるのを防ぐ。

アフリカのサバンナ（草原）に生息するハゲワシは、猛禽類でありながら狩りをしないグループ。中でもひときわ大きいミミヒダハゲワシは、気が荒いため、死肉をあさる他の種類のハゲワシが食べる順番をゆずるほど。

ハテナ

日本人が発見した謎の生物

微生物

学名 *Hatena arenicola*

凶暴度	■□□□□	進化度	■□□□□	不思議度	■■■■□
めずらしさ	■■■■□	変身度	■■■□□		

ここがすごい！ 動物か植物か、謎めく生物？

泳ぐ
べん毛を動かして水中を泳ぐ。

口
べん毛の横に口があり、エサを取り込む。エサが光合成をする生物だと、共生をはじめる。

つかみどころのない！ 摩訶不思議な生物

生息地：和歌山県の砂浜で発見

体長：直径30マイクロメートル

食べ物
光合成生物（植物）

とくちょう
動物でも植物でもないことから、和名で謎を意味する"ハテナ"という名前が正式につけられた。

2005年に発見された単細胞生物。べん毛を使ってエサを探し動物的に動き回る。光合成する生物を食べると、消化せず、自分の体の一部にして、植物のような生活をはじめる。生物進化の謎を解く生物として注目。

巨大な光るホースのような生物

ナガヒカリボヤ

尾索動物

別名 長光海鞘　学名 *Pyrosoma spinosum*

凶暴度 ■	進化度 ■	不思議度 ■■■
めずらしさ ■■■■	変身度 ■■■	ここがすごい！ 太古の原始的な動物のよう

➡ ただよう
泳ぐ力はなく、海中をただよって流されている。魚のエサになることも。

⚡ 発光
ひとつひとつの虫は共生バクテリアによって発光し、100m先からでもわかる。

❗ 群体
小さな虫が集まって大きな形をつくっている。

生息地：全世界の浅い海

体長：10m以上

食べ物
動物性プランクトン、エビ

とくちょう
群体という形で、小さな生物が集まって一つの大きな生物になる。生物が多細胞になる過程を想像できる生物。

浅い海に生息する原始的な動物。ヒカリボヤ類は、体長数ミリの虫がぎっしり集まって、筒型の10m以上の大きな生物になる。それぞれの虫は赤く発光し、エビなどをおびき寄せて、ろ過する（こし取る）ようにして食べる。

身近にいる不老不死の生物
ベニクラゲ

ヒドロ虫類

別名 イモータル・ジェリーフィッシュ　　学名 *Turritopsis nutricula*

| 凶暴度 | ■ | | 進化度 | ■ | | 不思議度 | ■ |
| めずらしさ | ■■■ | | 変身度 | ■■■ | | | |

ここがすごい! 若返りができる不思議なメカニズム

! 防衛
不老不死。このクラゲの若返りの謎が解明され、人間にも応用できれば、若返りや不老不死も可能となる日が来るかも。

触手
成体になると触手が80～90本になり、微小のプランクトンなどを捕まえる。

つかみどころのない！摩訶不思議な生物

生息地：全世界の温暖な浅い海

体長：直径5mm

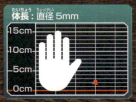

食べ物
小型の動物、プランクトン（エビの仲間など）

とくちょう
すけて見える胃（消化器）が赤いのでその名がつく。幼体のころはポリプと呼ばれるイソギンチャクのような形。

世界中の温暖な海にいるクラゲ。普通のクラゲは生殖・産卵後に寿命で死ぬが、ベニクラゲは再び若返る。つまり老人から逆回転して赤ちゃんになり、それをくり返すので、飢えや捕食されない限り死ぬことはない。

5億年前の植物のような海の動物
ウミシダ

棘皮動物

別名 フェザー・スター　学名 *Comatulida*

凶暴度	■□□□□	進化度	■■□□□
めずらしさ	■□□□□	変身度	■■■□□

不思議度 ■■■□□

ここがすごい！ 人類と先祖が共通する最古の動物

うで
うでは細長く、羽のような形で（羽枝）、丸まったり、エサをかき込んだりできる。中央に口があり、そのすぐ横に肛門がある。

！動かない
動物だが動き回ることはない。根のような形をした足（巻枝）で、岩やサンゴにしがみつく。

生息地：全世界の海、浅い海〜深海

体長：15cm

食べ物：プランクトン

とくちょう
オス、メスに分かれ体外受精をする。触手の根元に原始的な脳がある。約5億年前から姿を変えていない。

サンゴのある浅い海から深海まで、さまざまな種類がいる動物。植物のシダの葉のようにみえるが、これらは触手で、ウニやヒトデに近い仲間。恐竜よりはるか前、陸上に動物がいない時代から地球にいた超古代動物。

伝説の人食いミミズ？
アホロテトカゲ

は虫類・両生類

別名 ミミズトカゲ　学名 *Bipes biporus*

| 凶暴度 | ■■□□□ | 進化度 | ■■■□□ | 不思議度 | ■■■■□ |
| めずらしさ | ■■■□□ | 変身度 | ■■■■□ | | |

ここがすごい！ トカゲからヘビに進化する途中

自切
トカゲらしく、尻尾は自分で切ることができるが、新しく生えてこない。

歯
まぶたはなくなり、眼も耳も退化している。するどい歯がありどん欲にものをおそう。

前脚
前脚がある。ほかのミミズトカゲの仲間は、前脚も退化し、完全にミミズのような姿。

つかみどころのない！摩訶不思議な生物

生息地：メキシコの乾燥地帯の土中

体長：20cm

食べ物
昆虫、ミミズ、まれにトカゲなど

とくちょう
現地の人からは、奇妙な姿なので人食いミミズと呼ばれていたが、人をおそうことはない。

メキシコに生息するトカゲ。ミミズのような色と大きさだが、後ろ脚が退化したトカゲである。地中生活に適した身体に進化している。細い胴におさまるように、右肺が退化している（ヘビは左肺が退化）。

深海にすむ謎だらけの新種の肉食生物！

コンドロクラディア・リラ

その他

別名 タテゴトエダネカイメン（仮称・竪琴枝根海綿）　学名 *Chondrocladia lyra*

深海生物

| 凶暴度 | ■□□□□ | 進化度 | ■■□□□ | 不思議度 | ■■■■□ |
| めずらしさ | ■■■□□ | 変身度 | ■■■■□ | | |

ここがすごい！　ハープのような最も動物らしくない生物

包み込む

上にむかってのびる枝にはトゲがあり、ここでエビなどを捕まえ、枝を丸めて包み込んで、そのままゆっくり消化して食べる。

生息地：カリフォルニア沖の深海（3500m）

体長：30cm

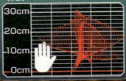

食べ物
エビなどの甲殻類？

とくちょう　エサの少ない深海で、海流に流れてくるエサをキャッチするために、このような形に進化したとおもわれる。

2000年にカリフォルニア沖3500m級の深海で発見。正式な和名も英名もまだない。横にのびる数本の枝から、上にむかって先端の丸い枝がのび、直角三角のハープのような形をつくる。くわしいことは一切わかっていない。

糸のような肉食動物
ザトウムシ

節足動物

別名 ハーベストマン　学名 *Phalangida Opiliones*

| 凶暴度 | ■□□□ | 進化度 | ■□□□ | 不思議度 | ■■■□ |
| めずらしさ | ■□□□ | 変身度 | ■□□□ | | |

ここがすごい！ 身近にいる不思議生物

自切
身体の30倍以上の長さの4対の脚をもつ。天敵におそわれると脚を自切して逃げる。

つかみどころのない！摩訶不思議な生物

視力
眼は単眼2つのみで、視力は良くない。

生息地：日本ほか、世界の森林地帯

体長：1cm　**脚長**：18cm

食べ物
昆虫、死体、キノコ

とくちょう
ザトウムシの仲間は、世界で4000種類いる。海外では"あしながおじさん"という愛称で呼ばれている。

世界各地の森に生息する虫。細長い脚がクモと間ちがわれるが、ダニに近い仲間。頭胸部と腹部が密着し、豆つぶのような形。虫などを食べる肉食だが、人間には無害。虫が地球上で繁栄しはじめた4億年前からいた原始生物。

179

⁉変なところで暮らす生物

地球上にはさまざまな生物が暮らしています。中には想像を絶するような場所で暮らす生物も。ちょっと変わったすみかや、そこで暮らす生物をのぞいてみよう！

⁉意外な場所にすむ生物

⁉他の生物の皮をかぶったエイリアン

オオタルマワシ
学名／*Phronima sedentaris*

深海にいる2cmの甲殻類（エビの仲間）。タル型をしたホヤの仲間を襲って中身を食べて、残った外側をかぶるようにして生活。生きた状態ではなかなか見つからない。

オオタルマワシが、ホヤの仲間の殻に入っているところ。

息を止めて水中で生活

ミズグモ
学名／*Argyroneta aquatica*

約35000種類いるクモの仲間で、唯一水中で生活するクモ。エラがないので、空気を水中にかかえて持っていき、糸で作ったドーム状の水中ハウスにためて休けい場所にする。小さいエビを狩る。

夜の森を歩き回る不気味なオウム

フクロウオウム
学名／*Strigops habroptilus*

ニュージーランドでは、地上に天敵がいないため、飛べなくなった鳥がいくつかいる。この鳥は世界で唯一の夜行性オウムで、昼間は茂みで休む。地球上におよそ120羽しかいない。

世界一○○な場所にすむ生物

世界一高いところに すんでいるカラス

キバシガラス
学名／*Pyrrhocorax graculus*

ユーラシア大陸北部に生息するクチバシの黄色いカラス。悪天候や強風でも飛ぶことができ、高山を得意としている。エベレストの標高8200mで観察例がある。

※写真は標本

世界一深いところに 生息するエビ

カイコウオオソコエビ
学名／*Hirondellea gigas*

世界で最も深い海・太平洋のマリアナ海溝のチャレンジャー海淵（水深10920m）で、1995年日本の調査チームが発見。当時、この深さで生物がすむことは不可能と考えられていたため、世界中をおどろかせた。

木とあやまって、電信柱に巣を作ることもある。

世界一大きな巣を作って暮らす鳥

シャカイハタオリドリ
学名／Philetairus socius

アフリカ南部にいるスズメの仲間。一夫一婦制だが、それぞれがかれ葉を持ってきてマンションのように巣を作り、300羽くらいがひとつの巣で暮らす。その直径は10m以上になる。

それぞれの巣で、夫婦の鳥が、子育てを行う。

共生する生物

ナマケモノの毛が"家"?

ナマケモノガ 学名／*Cryptoses choloepi*

なんとこのガは、南米にすむナマケモノの毛の中で暮らす。ガは天敵の鳥におそわれることがなく、ナマケモノはガのフンによって発生するコケで緑色に擬態でき、天敵から身を守れる。

◀ナマケモノガのフンが肥料となってコケが発生する。

寄生する生物

▲成長すると最大10mもの長さになることも。

穴があればどこからでも入り込む魚

カンディル 学名／*Vandellia cirrhosa*

南米アマゾン川に生息するナマズの仲間で、大きな魚のエラから体の中に入って、内臓を食べる。人間も尿道などから入り込んでおそわれる。現地ではピラニアよりおそれられている。

学名／*Spongicola venusta*

?! 他の生物を家にするエビ

カイロウドウケツと
ドウケツエビ

カイロウドウケツは、1000mの深海に生息する15cmほどの海綿動物。海底に固着し、生物でありながらガラスでできている。その中にはドウケツエビといういそうろうのエビがすむ。

学名／*Euplectella aspergillum*

ドウケツエビは、幼生のころに入り込み、閉じ込められて一生過ごす。

写真提供：名古屋港水族館

?! 人間の体の中で10mにも成長する巨大虫

サナダムシ 学名／*Taenia saginata*

人間に入り込む寄生虫。食べ物に着いた寄生虫の卵が、人間の腸でふ化して腸内で成長する。ひものような形で、口や消化管がなく、体の表面から腸の栄養を吸収する。

185

生物多様性ホットスポット

■ ホットスポット

ホットスポットって何？

様々な貴重な生物がたくさんいる地域であるにも関わらず、現在、人間の活動でその豊かな自然＝生物多様性が急速に失われている危険な地域がホットスポットです。世界で34の地域が指定され、日本は"国"の単位で指定されている数少ない地域です。このホットスポットの地域だけで、地球上の植物、鳥類、ほ乳類、は虫類、両生類の60％が生息します。

生物種の絶滅

毎年5万種

絶滅の速度

年代	絶滅速度
白亜紀後期	0.001種/年
1600～1900年	0.25種/年
1900年	1.0種/年
1975年	1000種/年
2000年	40000種/年

生物は進化と絶滅をくりかえしてきました。絶滅そのものは、地球上の生物の必然で驚くことではありませんが、問題は近年のそのスピードが上がっていることにあります。恐竜絶滅の頃とは、比較にならないスピードで進んでいます。

身近な生き物がいなくなる？

スズメ

メダカ

写真：Seotaro

生き物は、ひとつの種類単独では生きていけません。エサとなる生物や、住みかにする樹木など、想像を超えたつながりの上に、生きていくことがゆるされています。どこか一つでも失うとそのバランスがくずれて、意外な生き物が姿を消すことになります。

生物の数ってどれくらい？

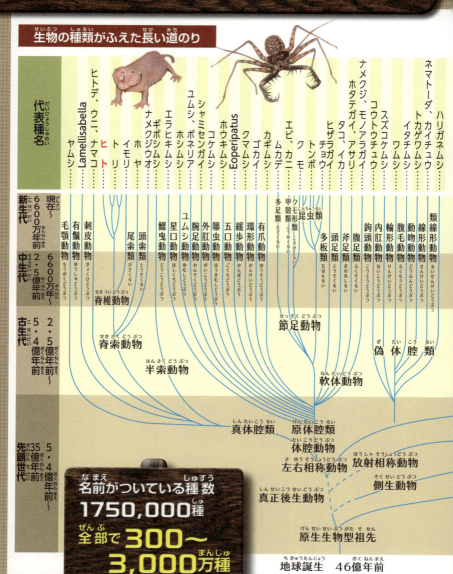

地球上には、いったい何種類くらい生物がいるのでしょう？ 科学が進んだ今日でも正確に調べる方法がないため、学者によってその数は大きな開きがあります。多様に進化したたくさんの生物を、下の図のようにグループ分けしています。

クラゲ、イソギンチャク……刺胞動物
プラナリア、ヒモムシ……扁形動物
ニハイチュウ……………中生動物
Problognuthia…………顎口類
…………………………紐形動物
クシクラゲ………………有櫛動物
Trichoplax………………PLACOZOA
カイメン…………………海綿動物

無体腔類

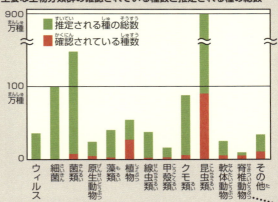

主要な生物分類群の確認されている種数と推定される種の総数

凡例：推定される種の総数／確認されている種数

横軸：ウィルス、細菌、菌類、原生動物、藻類、植物、線虫類、甲殻類、クモ類、昆虫類、軟体動物、脊椎動物、その他

現在、人類が研究して名前をつけることができている生物の数は175万種類程度で、実際にはまだ名前もついていないような生物が少なくとも300万〜3000万種類はいると考えられています。グラフから地球上には昆虫や菌類が多いことがわかります。人に発見されず絶滅している生物もたくさんいることでしょう。

[出所]UNEP:Global Biodiversity Assessment 地球環境研究会（編）：三訂 地球環境キーワード事典, 中央法規出版（2001年2月25日）P85

ヒトを含んだ脊椎動物の種類数は右のような数。鳥類、は虫類は、ほ乳類の2倍近い種類。魚類は5倍も種類がいます。

脊椎動物の分類と種数

	現総種数
ほ乳類	4,763
鳥類	9,946
は虫類	7,970
両生類	4,950
魚類	25,000

INDEX

生物名	分類	ページ
あ		
アイアイ	ほ乳類 霊長目アイアイ科	11, 26
アカウアカリ	ほ乳類 霊長目オマキザル科	28
アガマトカゲ	は虫類 有鱗目アガマ科	58
アシナシトカゲ	有鱗目 アシナシトカゲ科	103
アフリカオオヤスデ	節足動物 ヒキツリヤスデ目オビキツリヤスデ科	105
アホロテトカゲ	は虫類 有鱗目ミミズトカゲ科	88, 177
アマゾンカワイルカ	ほ乳類 クジラ目アマゾンカワイルカ科	170
アリグモ	クモ目 クモ目ハエトリグモ科	159
アルパカ	ほ乳類 偶蹄目ラクダ科	110
インドハナガエル	両生類 無尾目インドハナガエル科	100
ウーパールーパー	両生類 有尾目トラフサンショウウオ科	12, 88, 109
ウオクイコウモリ	ほ乳類 翼手目オオツリコウモリ科	75
ウデムシ	節足動物 ウデムシ目ウデムシ科	11, 86, 92
ウマヅラコウモリ	ほ乳類 翼手目オオコウモリ科	29
ウミグモ	節足動物 ウミグモ目	96
ウミシダ	棘皮動物 ウミシダ目ハネウミシダ科	176
ウミホタル	節足動物 ミオドコピダ目ウミホタル科	123
ウロコフネタマガイ	軟体動物 腹足類 ネオンファルス目オンファルス科	85
エゾヒグマ	ほ乳類 ネコ目ヒグマ科	14
エダハヘラオヤモリ	は虫類 有鱗目ヤモリ科	150
エリマキトカゲ	は虫類 有鱗目アガマ科	108
オウムガイ	軟体動物 頭足類オウムガイ目オウムガイ科	142
オオアゴヘビトンボ	昆虫類 ヘビトンボ目ヘビトンボ科	107
オオグチボヤ	ホヤ動物 マメボヤ目オオグチボヤ科	144
オオコノハギス	昆虫類 バッタ目キリギリス科	154
オオズアリ	昆虫類 ハチ目アリ科	52
オオタルマワシ	甲殻類 端脚目タルマワシ科	180
オカピ	ほ乳類 偶蹄目キリン科	162
オコジョ	ほ乳類 食肉目イタチ科	157
オニイソメ	環形動物 イソメ目イソメ科	32, 89
か		
カイコウオオソコエビ	節足動物 端脚目フトヒゲソコエビ上科	182
カイロウドウケツ	海綿動物 リッサキノサ目カイロウドウケツ科	185
カギムシ	有爪動物 カギムシ目カギムシ科	59
ガマグチヨタカ	鳥類 ヨタカ目ガマグチヨタカ科	151
カメレオン	は虫類 有鱗目カメレオン科	156
ガラ・ルファ	魚類 コイ目コイ科	83
カリフォルニアイモリ	両生類 有尾目イモリ科	76
カンディル	魚類 ナマズ目トリコミュクテルス科	184
キティブタバナコウモリ	ほ乳類 翼手目ブタバナコウモリ科	39
キノボリカンガルー	ほ乳類 有袋目カンガルー科	167
キバシガラス	鳥類 スズメ目カラス科	182
キバノロ	ほ乳類 偶蹄目シカ科	164
キリンオトシブミ	昆虫類 甲虫目オトシブミ科	54, 91
キロネックス	刺胞動物 ネッケイアンドンクラゲ目ネッケイアンドンクラゲ科	9, 77, 90
キングコブラ	は虫類 有鱗目コブラ科	158
クシクラゲ（カブトクラゲ）	有櫛動物 カブトクラゲ目カブトクラゲ科	117
クジャクチョウ	昆虫類 昆虫綱 チョウ目タテハチョウ科	158
クビナガカイツブリ	鳥類 カイツブリ目カイツブリ科	91
クマムシ	緩歩動物 ヨリツメ目ヤマクマムシ科	87
クリオネ	軟体動物 裸殻翼足目ハダカカメガイ科	114
ケラ	節足動物 昆虫綱バッタ目ケラ科	159
ゲレヌク	ほ乳類 ウシ目ウシ科	91
ゲンジボタル	昆虫類 コウチュウ目ホタル科	123
ゴースト・グラス・フロッグ	両生類 無尾目アマガエルモドキ科	57
コノハムシ	節足動物昆虫綱ウチワ目ナナフシ科	158
コディアックヒグマ	ほ乳類 ネコ目ヒグマ科	14
コブダイ	魚類 スズキ目ベラ科	33
ゴライアスガエル	両生類 無尾目アカガエル科	90
ゴライアス・タイガーフィッシュ	魚類 カラシン目アレステス科	20, 92
コリーカンムリサンジャク	鳥類 スズメ目カラス科	89
コンドロクラディア・リラ	海綿動物 多骨海綿目ダネカイメン科	92, 178
さ		
サーカスティック・フリンジヘッド	魚類 スズキ目ギンポ科	24
サイガ	ほ乳類 偶蹄目ウシ科	45, 91
ザトウムシ	節足動物 ザトウムシ目マダラホムシ科	179
サナダムシ	扁形動物 テニア科裂頭条虫科	185
サバクツノトカゲ	は虫類 有鱗目イグアナ科	68
サメハダホウズキイカ	軟体動物 開眼目サメハダホウズキイカ科	156
サンゴヘビ	は虫類 有鱗目コブラ科	160
シーラカンス	魚類 シーラカンス目シーラカンス科	137
シフゾウ	ほ乳類 偶蹄目シカ科	163
ジャイアントパンダ	ほ乳類 ネコ目クマ科	12, 109
シャカイハタオリドリ	鳥類 スズメ目ハタオリドリ科	183
ジャワメジカ	ほ乳類 偶蹄目マメジカ科	40
ジュウモンジダコ	軟体動物 頭足類タコ目メンダコ科	88, 140
シュモクザメ	魚類 メジロザメ目シュモクザメ科	48
シュモクバエ	昆虫類 ハエ目シュモクバエ科	9, 49
ジョルダンヒレナガチョウチンアンコウ	魚類 アンコウ目レナガチョウチンアンコウ科	10
スズメ	鳥類 スズメ目スズメ科	187
スズメバチ	昆虫類 ハチ目スズメバチ科	160
スズメフクロウ	鳥類 フクロウ目フクロウ科	158
センザンコウ	ほ乳類 有鱗目センザンコウ科	79
センジュナマコ	棘皮動物 板足目クマナマコ科	104
ソレノドン	ほ乳類 食虫目ソレノドン科	78
た		
ダイオウグソクムシ	節足動物 等脚目スナヒリムシ科	138
タカアシガニ	エビ目クモガニ科	139
タランチュラ	節足動物 クモ目オオツチグモ科	11
チョウチンアンコウ	魚類 アンコウ目チョウチンアンコウ科	118
ツノゼミ	昆虫類 カメムシ目ツノゼミ科	9, 159
ツマジロスカシマダラ	昆虫類 チョウ目タテハチョウ科	115
デメニギス	魚類 ニギス目デメニギス科	116
テントウゴキブリ	昆虫類 ゴキブリ目チャバネゴキブリ科	89
テントウムシ	昆虫類 コウチュウ目テントウムシ科	160
テングザル	ほ乳類 霊長目オナガザル科	42, 91
ドウケツエビ	甲殻類 エビ目ドウケツエビ科	185
トビイカ	軟体動物 頭足類ツツイカ目アカイカ科	72
トラ	ほ乳類 ネコ目ネコ科	13, 157

生物名	分類	ページ
な		
ナガヒカリボヤ	ホヤ動物 ヒカリボヤ目ヒカリボヤ科	174
ナマケモノガ	昆虫類 チョウ目メイガ科	184
ニジイロクワガタ	昆虫類 甲虫目クワガタムシ科	120
ニジボア	は虫類 有鱗目ボア科	121
ニホンザル	ほ乳類 サル目オナガザル科	11
ニュウドウカジカ	魚類 カサゴ目ウラナイカジカ科	88 94
ネコメガエル	両生類 無尾目アマガエル科	37
ネペンテス・アッテンボロギ	植物 ウツボカズラ目ウツボカズラ科	90
は		
バエドフィリネ・アマウエンシス	両生類 無尾目メアマガエル科	38
ハオリムシ	環形動物 ケヤリムシ目シボグリヌム科	143
ハシビロコウ	鳥類 コウノトリ目ハシビロコウ科	30
ハダカデバネズミ	ほ乳類 齧歯目ハダカデバネズミ科	8 101
ハテナ	原生動物 繊毛虫 カタブレファリス科	173
ハナカマキリ	昆虫類 カマキリ目ヒメカマキリ科	152
ハナガネズミカンガルー	ほ乳類 カンガルー目ネズミカンガルー科	40
バナナナメクジ	軟体動物 有肺目オコウラナメクジ科	11,90 97
ハナヒゲウツボ	魚類 ウナギ目ウツボ科	91
ハネジネズミ	ほ乳類 ハネジネズミ目ハネジネズミ科	91 166
バヤラ	魚類 カラシン目キノドン科	31
ハリモグラ	ほ乳類 カモノハシ目ハリモグラ科	9
パラダイストビヘビ	は虫類 有鱗目ナミヘビ科	71
ヒカリキノコバエ	昆虫類 ハエ目キノコバエ科	122
ヒカリコメツキ	昆虫類 コウチュウ目コメツキムシ科	123
ピグミーネズミキツネザル	ほ乳類 サル目ピトキツネザル科	40
ヒゲワシ	鳥類 タカ目タカ科	89
ピノキオガエル	両生類 無尾目アマガエル科	56
ピパピパ	両生類 無尾目ピパ科	98
ヒヨケザル	ほ乳類 皮翼目ヒヨケザル科	74 92
ヒラメ	魚類 カレイ目ヒラメ科	157
フウリュウウオ	魚類 アンコウ目アカグツ科	60
フェネックギツネ	ほ乳類 ネコ目イヌ科	15
フクロウオウム	鳥類 オウム目クロウオウム科	92 181
フクロウナギ	魚類 フウセンウナギ目フクロウナギ科	136
フクロミツスイ	ほ乳類 有袋目フクロミツスイ科	165
フクロモグラ	ほ乳類 有袋目フクロモグラ科	46
ブチクスクス	ほ乳類 有袋目クスクス科	168
ベニクラゲ	ヒドロ虫類 花クラゲ目ベニクラゲモドキ科	175
ベニスズメガ（幼虫）	昆虫類 チョウ目スズメガ科	155
ヘビクビガメ	は虫類 カメ目ヘビクビガメ科	91
ベローシファカ	ほ乳類 サル目インドリ科	110
ベンテンウオ	魚類 スズキ目シマガツオ科	82
ボウバッタ	昆虫類 バッタ目バッタ科	55
ホウライエソ	魚類 ワニトカゲギス目ホウライエソ科	8 22
ホシバナモグラ	ほ乳類 食虫目モグラ科	47 91
ホッキョクギツネ	ほ乳類 ネコ目イヌ科	15
ホホジロザメ	魚類 ネズミザメ目ネズミザメ科	11
ホライモリ	両生類 有尾目ホライモリ科	102
ま		
マーラ	ほ乳類 ネズミ目テンジクネズミ科	91
マタマタ	は虫類 カメ目ヘビクビガメ科	88 149
マメハチドリ	鳥類 アマツバメ目ハチドリ科	39
マレーグマ	ほ乳類 食肉目クマ科	44
ミクロヒメカメレオン	は虫類 有鱗目カメレオン科	38
ミズグモ	クモ類 クモ目ミズグモ科	181
ミダスアマガエルモドキ	両生類 無尾目アマガエルモドキ科	112
ミツクリザメ	魚類 ネズミザメ目ミツクリザメ科	18
ミツツコノハガエル	両生類 無尾目コノハガエル科	153
ミツツボアリ	昆虫類 ハチ目アリ科	53
ミツマタヤリウオ	魚類 ワニトカゲギス目ミツマタヤリウオ科	34
ミミック・オクトパス	軟体動物・頭足類 タコ目マダコ科	146
ミミヒダハゲワシ	鳥類 タカ目タカ科	172
ミルクヘビ	は虫類 有鱗目ナミヘビ科	160
ムスジコショウダイ	魚類 スズキ目イサキ科	157
ムツオビアルマジロ	ほ乳類 貧歯目アルマジロ科	80
ムラサキダコ	軟体動物 タコ目ムラサキダコ科	84
メガマウス	魚類 ネズミザメ目メガマウス科	134
メダカ	魚類 ダツ目メダカ科	187
モルフォチョウ	昆虫類 チョウ目タテハチョウ科	106
や		
ヤツメウナギ	魚類・円口類 ヤツメウナギ目ヤツメウナギ科	36 90
ヤドクガエル	両生類 無尾目ヤドクガエル科	11
ユウレイイカ	軟体動物・頭足類 スルメイカ目ユウレイイカ科	141
ヨツコブツノゼミ	昆虫類 カメムシ目ツノゼミ科	50
ヨツユビハリネズミ	ほ乳類 食虫目ハリネズミ科	81
ヨロイザメ	魚類 ツノザメ目ヨロイザメ科	135
ら		
ラブカ	魚類 カグラザメ目ラブカ科	132
リーフィー・シードラゴン	魚類 トゲウオ目ヨウジウオ科	148
リュウグウノツカイ	昆虫類 アカマンボウ目リュウグウノツカイ科	131
ルリセンチコガネ	昆虫類 コウチュウ目センチコガネ科	89
わ		
ワラストビガエル	両生類 無尾目アオガエル科	8 70
ワラスボ	魚類 スズキ目ハゼ科	35

著者紹介　新宅広二
1968年生まれ。生態科学研究機構・理事長。専門は動物行動学。上智大学大学院修了後、多摩動物公園、上野動物園に勤務。哺乳類、鳥類、爬虫類、両生類、昆虫などの約400種類の野生動物の生態知識や飼育方法を修得。
監修業では科学番組や動物バラエティなどの企画・出演がこれまで300作品以上ある。世界最高峰のネイチャードキュメンタリー映画・英国BBCの『ネイチャー』日本語版(2014)の総監修、映画『アマゾン大冒険』(2015)の監修をつとめ、自然体感型ミュージアム Orbi YOKOHAMA の監修・プロデュースも手がける。
姉妹巻『危険生物最恐図鑑』永岡書店
Twitter：Koji_Shintaku

イラスト　岩崎政志　　1章(見た目が恐すぎる生物)、2章(へんてこ生物)、
　　　　　　　　　　　3章(秘密兵器をもつ生物)、4章(キモい生物)、5章(光る&透ける生物)、
　　　　　　　　　　　7章(摩訶不思議な生物)、特集ページ(深海生物)
　　　　　松島浩一郎　　1章(バヤラ)、2章(テングザル)、3章(ムラサキダコ)、
　　　　　　　　　　　特集ページ:深海生物(ジュウモンジダコ)
　　　　　㈱ウエイド(原田珍郎、本田晴教、渡邊信吾)　本文挿絵

装丁・本文デザイン　高垣智彦(かわうそ部長)
編集協力　高橋淳二　野口武(JET)

写真提供　アフロ(SIME、Reinhard Dirscherl、中野誠志、Folio Bildbyra、Blickwinkel、Science Source、Photoshot、homas Maren、Science Faction、picture alliance、Alamy、Photononstop、FLPA、Picture Press、纐纈育雄、中井寿一、Prisma Bildagentur、ENKICHI.N、Juniors Bildarchiv、Suzi Eszterhas/Minden Pictures、Jose Fuste Raga、AGE FOTOSTOCK、imago、水口博也、Science Photo Library、ロイター、山形豪、毎日新聞社、imagebroker、National Pictures/TopFoto、飯田信義、Robert Harding、Bluegreen Pictures、WESTEND61、Cultura Creative、David Wall、古見きゅう、Super Stock)

ブキミ生物 絶叫図鑑

著者　新宅広二	DTP　編集室クルー
イラスト　岩崎政志　松島浩一郎	印刷　横山印刷
発行者　永岡純一	製本　大和製本
発行所　株式会社永岡書店	
〒176-8518　東京都練馬区豊玉上1-7-14	ISBN978-4-522-43348-5　C8045
電話　03-3992-5155(代表)	乱丁本・落丁本はお取り替えいたします。⑫
03-3992-7191(編集)	本書の無断複写・複製・転載を禁じます。